企业安全生产系列丛书 | 浙能集团 策划出品

赢在安全

——企业安全生产制胜之道

WIN IN SAFETY
THE WAY TO WIN IN ENTERPRISE SAFETY PRODUCTION

程光坤 著

U0211065

Zhejiang University Press
浙江大学出版社

图书在版编目（CIP）数据

赢在安全：企业安全生产制胜之道，程光坤著．—
杭州 ：浙江大学出版社，2022.6
ISBN 978-7-308-22704-9

Ⅰ．①赢… Ⅱ．①程… Ⅲ．①企业管理－安全生产
Ⅳ．①X931

中国版本图书馆CIP数据核字(2022)第097859号

赢在安全——企业安全生产制胜之道

程光坤　著

策划编辑	柯华杰（khj2019@zju.edu.cn）
责任编辑	柯华杰
责任校对	马海城　黄梦瑶
封面设计	杭州林智广告有限公司
出版发行	浙江大学出版社
	（杭州天目山路148号　　邮政编码　310007）
	（网址：http://www.zjupress.com）
排　　版	杭州林智广告有限公司
印　　刷	杭州宏雅印刷有限公司
开　　本	710mm×1000mm　1/16
印　　张	11
字　　数	143千
版 印 次	2022年6月第1版　2022年6月第1次印刷
书　　号	ISBN 978-7-308-22704-9
定　　价	30.00元

前言

在企业要做好的所有工作中,安全生产无疑是最重要,同时也是最难做的一项工作。唯其重要,极大地增强了我们搞好这项工作的意义感、责任感和使命感;唯其难做,又极大地激发了我们要搞好这项工作的斗志、智慧和激情。唯其如此,又重要、又难做,也就注定了我们必将也必须要在安全生产这条道路上永远行走、探索和追求下去。我们不会奢望也从来没有奢望安全生产之路会是一条坦途,或者存在所谓的捷径,但我们相信一分耕耘终会有一分收获,我们永不疲倦地希望和守望,永无止境地追求和探索,终会找到一条必由之路,我们必将沿着这条路,从安全生产的必然王国最终走向安全生产的自由王国。

迄今为止,在安全生产前进的道路上,我们还没有遇到过我们真正想要解决而又解决不了的问题、真正想要克服而又克服不了的困难,也没有遇到我们真正想要实现而又实现不了的目标,这让我们极大地增强了信心。我们完全有理由相信,在我们今后继续前进的过程中,不论路有多么漫长,也不论会遇到多么大的问题和困难,我们一定能够最终和完全地实现安全生产上的各种目标。重要的是，在我们继续前进的过程中，必不可以使自己有丝毫的骄傲和自满，必不可以使自己有半点的松懈和惰性，必不可以使自己的激情和意志消退，必不可以使自己对美好和崇高目标的追求稍有停息。

笔者有幸毕生从事与安全生产紧密相关的工作，应该说是在对安全生产一往情深的热爱和一往无前的探索中走过自己的职业生涯的。基于对安全生产工作的热爱和守望，笔者将多年来在企业安全生产工作中的一些所感所思所悟所做加以辑录、整理成册，借以与同行们分享和交流，以期抛砖引玉，能对推动企业安全生产事业的进步有所裨益，并以这样一种方式祈愿和祝福天下所有的企业在安全生产道路上一路平安！

目录

CONTENTS

一 认识篇

二 理念篇

三 任务篇

四 做法篇

五 升华篇

一　认识篇

对安全生产重要性的认识

企业的宏大愿景、重大战略目标、各种美好和善良的愿望，甚至企业最基本的生存和发展的前景、员工最需要的安全与健康的保障，都毫不例外，无一不建立在安全生产这一基础之上。

企业的安全生产从来就不仅仅是企业范围之内、经济范畴之上的一项重要工作，而是超越企业范围、超越经济意义的一份重大的社会责任、一项严肃的政治任务。在社会责任和政治任务面前，我们责无旁贷，绝不能袖手旁观，绝不可以无所作为。

企业的安全生产从来就不是一项轻而易举、一蹴而就的工作，而是企业各项工作当中难度最大、最具挑战性的一项工作，也因此是最能激发我们的热情和斗志、最能让我们体验到奋斗的快乐和成功的喜悦的一项工作。

企业的安全生产从来就不是一项有驿站、有终点，可以一劳永逸，可以丝毫放松的工作，而是一项永无止境、永不停歇的工作，一项需要我们永远战战兢兢、如履薄冰的工作。

对于意义如此重大、责任如此重大、挑战如此重大的一项工作，不论我们思想上再怎么重视、态度上再怎么坚决、组织上再怎么严密、行动上再怎么努力、工作上再怎么辛苦，都不过分，都是应该的、必须的，也是值得的。

我们一定要下最大的决心、尽最大的努力去抓出企业安全生产的最好成绩，努力实现企业安全生产的长治久安。

生命至上、安全发展

生命之花，只能开一次，只能享受一个季节的热烈和美好。人的生命无价。每一个生命都有不容置疑的尊严，并且生命的尊严是普遍的、绝对的准则，没有任何等价物，是任何东西都不能替代的。人的生命权与生俱来，神圣不可侵犯，不仅不能侵犯，而且还要无限敬畏，百倍珍惜，万般呵护。"在我们所具有的一切缺点中，最为粗鲁的乃是轻视生命的存在，最不能容忍的就是对生命的蔑视。"搞好安全生产，我们可以有千种理由、万种理由，但最高、最深层次的理由，最根本、最本质的理由，最浅显也是最不能轻视的理由，就是生命——让生命有尊严、让生命充满爱、让生命之花绽放得更加绚烂和持久。单单凭这一条理由，就足以要求并驱使我们必须坚持安全发展、做到安全发展，必须要下最大的决心、尽最大的努力，付出我们全部的智慧、精力、心血和汗水，去夺取安全生产最好的绩效，去实现安全生产的本质安全和长治久安。基于生命的名义，我们的企业人人时时事事处处都要履行好安全生产的天职；每一个部门、每一个岗位、每一个员工都要以对生命的敬畏之心，无比自觉和自愿地、无比忠诚和快乐地去履行起安全卫士的神圣使命。从生命至上的要求出发，企业在安全生产中，在任何时候、任何情况下，都必须把保护人、维护人的安全与健康放在首位。

把思想重视进行到底

　　关于安全生产的一切美好愿望的实现和真正有效的行动无一不是建立在对安全生产思想重视的基础之上。因此，迄今为止，我们在安全生产上所做的许多努力，无不是为了同一个目的，就是要唤醒、提高和保持全员对安全生产的思想重视——真正意义上的思想重视。这种真正意义上的思想重视不能是少数人的重视，也不是多数人的重视，而是所有人的重视；不能是一般程度上的重视，而是最高程度上的重视；不能是仅仅停留在口头上的重视，而必须是落实到行动上的重视；不能是一时一地有条件的重视，而是无论何时何地无条件的重视，不能是安全情况不好的时候才重视，而是在安全情况好的时候也一样重视；不能是思想上带有漏洞的重视，而是思想上毫无漏洞的重视；不能仅仅是建立在对安全生产重要性认识基础上的重视，还必须是建立在对安全生产规律性认识基础上的重视。安全生产上做到思想重视从来不是一件容易的事情，既不会一蹴而就，也不可能一劳永逸，而是只有进行时、没有完成时，永远都在路上。今后持续进行这一方面的努力仍然是并将永远是我们安全生产上最为重大的课题，而当下加强这一方面的努力仍然具有时不我待的紧迫性！

安全生产中的常见问题

（一）

应该说，企业安全生产存在的问题是林林总总、各式各样的，但仔细梳理和分析一下，以下八大类的问题是比较常见和典型的，是我们要着力解决的重点。

头顶天花板： 在思想、理论、体制、作风、文化、境界上自我设限、浅尝辄止、追求平平。

脚踩西瓜皮： 做事缺乏全面谋划、长远考虑和顶层设计，走一步算一步，走到哪里算哪里。

腰杆挺不直： 核心能力不足，成长缓慢，工作作风漂浮，基础工作不牢固，事故隐患频仍。

眼睛看不见： 缺乏发现问题的敏锐的眼睛，对存在的问题见怪不怪、无动于衷、熟视无睹、听之任之。

鼻子嗅不到： 安全风险意识淡薄，感觉不到安全风险的十面埋伏、虎视眈眈、日益迫近，坐失未雨绸缪、防微杜渐、化险为夷的良机。

耳朵听不进： 盲目乐观、骄傲自满，把别人的事故当故事，不把自己的事当件事，把国家和上级的要求和群众的意见不当一回事。

心中没有底： 缺乏自信、从容和定力；工作胸无大局、举棋不定、朝令夕改，不能一以贯之。

手中无硬招： 对安全生产规律缺乏认识，对企业情况不掌握，不能根据企业实际情况提出有力有效的行动方案和解决措施。

（二）

换一种角度看，安全生产中突出的问题集中体现在以下一些方面。

——**本质安全的基础还不牢固**。一些风险源尚未被我们完全认识，一些重大隐患尚未得到根治，一些新情况、新问题尚未得到深入的研究和妥善应对，安全生产上还远没有从必然王国走向自由王国、从或然安全走向必然安全。

——**核心能力的建设有待加强**。包括安全生产工作顶层设计、专业管理和综合管理、强化骨干队伍和"三基"（基层、基本、基础）建设、供应链建设和资源整合、先进理念和文化引领等各个方面都有很大的改善和提高的空间，都具有必要性和紧迫性。

——**工作质量的提高任重道远**。安全生产上最后一公里的问题，体现在我们安全生产工作的各个方面、各个环节，包括在我们的思想、策划、决策、部署和行动中，也包括在我们的组织、体制、机制、制度上，在各种管理活动中，在"严、细、实、恒"的作风落实上，总有欠一把火、差一口气、慢那么一拍的问题。安全生产上最大的问题常常不在于我们不知道做什么、如何做，而在于我们常常没有把该做、也知道怎么做的事做好、做到位。

——**系统思维的习惯急需养成**。"运用之妙，存乎一心。"安全生产是最为艰巨复杂的系统工程之一，也最需要借助于系统工程的理念、原理、思维和方法，如此才能驾驭。安全生产工作最忌讳就事论事、头痛医头脚痛医脚，最忌讳一叶障目、只见树木不见森林，最忌讳拆东墙补西墙、今天的问题来自昨天的解，最忌讳只有勤奋而没有思考、以战术上的工作勤奋来掩盖战略上的思维惰性。思维的不系统、广度和深度不够、严密性和逻辑性不足，是我们安全生产上最大的威胁、最主要的事故根源。

安全生产问题存在的原因

（一）

安全生产问题背后的问题在于：

一是思想的问题，就是思想上不够重视。

二是素质的问题，就是能不能看到问题、认识问题，并采取有效的行动。

三是组织的问题，就是能不能有效地去领导、组织、管理和行动。

四是文化的问题，就是组织成员的行动能否得到有效的组织和管理。

（二）

安全生产存在问题，从表面上看，是事故杜而不绝、违章多发、隐患频仍、设备非正常停机率居高不下的问题，但从根本上看，反映的是我们安全生产工作先进性不够的问题。这有各种各样的表现，如工作作风漂浮、工作质量不高，生产管理机能退化，人才培养跟不上、技术管理力量薄弱，设备管理体制落后、设备管理核心能力下降，供应链建设滞后、需要改进和加强，等等。总之，一句话，安全生产存在的问题是我们安全生产工作的先进性建设亟待加强的问题。

进一步地分析，安全生产工作先进性不够，跟我们的工作中存在着"四多四少"（传统多，现代少；经验多，科学少；行动多，思考少；

务实多，务虚少）和"四重四轻"（重实践，轻理论；重执行，轻策划；重辛苦，轻心苦；重成事，轻成长）的问题有关，而且关系极大。

而从学习的角度透视，安全生产工作先进性不够、进步不快的问题，归根结底是一个学习的问题，是学习的速度不够快的问题，是组织中存在的各种学习障碍在阻碍着我们的学习和进步的问题。上述"四多四少"和"四重四轻"的问题实际上就是学习上的问题，或是学习上的问题的各种表现。

到底有哪些方面的学习障碍在阻碍着我们的学习与进步？毫无疑问，各种本位主义、本本主义、经验主义、形式主义、官僚主义、功利主义等倾向，肯定在极大地妨碍我们的学习和进步。但最大的学习障碍主要来自我们的组织和个人的心智模式（我们认识事物的方法和习惯）的固有缺陷，比如说，自我设限的问题，因循守旧的问题，坐井观天的问题，温水煮蛙的问题，归责于外的问题，局限思维的问题，急于求成的问题，等等。这些都是心智模式方面的缺陷，都会严重地妨碍组织和个人的学习，进而影响我们对于安全生产的认识。

安全生产的六个到位

1. **安全思想认识必须到位**。没有安全就没有一切；没有安全，落实"以人民为中心"的重要思想也就无从谈起。安全生产一定要避免陷入恶性循环，要尽快形成良性循环。

2. **安全忧患意识必须到位**。对安全生产要有"三个如"（如履薄冰、如临深渊、如坐针毡）意识；对安全隐患要有夜不能寐、食不甘味、坐卧不安的意识。

3. **安全生产责任必须到位**。千钧重担众人挑，安全生产责任落实到每个人肩上，安全生产就有了群众基础；各级负责人要尽守土之责，保一方平安。

4. **安全生产措施必须到位**。安全教育、反习惯性违章要常抓不懈；大力推行安全风险分析技术；建立安全确认制度；加强现场监察，实行走动管理、流动或飞行检查；强化技术监督和重点反事故措施；加大对重大隐患的监控和重大缺陷的滚动消缺力度；加强应急机制和能力建设。

5. **安全工作作风必须到位**。安全生产必须求真务实，形成"严谨、细致、扎实"的工作作风。

6. **安全生产的基本原则必须遵循到位**。全员、全过程安全管理原则，安全工作系统化原则，"保人身"原则，"四不放过"原则（事故原因未查清不放过，责任人员未处理不放过，整改措施未落实不放过，有关人员未教育不放过），学习与经验反馈原则，充分暴露问题并且抓住问题不放原则，持之以恒原则，等等，都必须得到自觉遵循。

安全生产必须依靠的六种力量

精神的力量。搞好安全生产必须要有一个好的精神面貌。我们要树立必胜的信念，坚定地相信我们有能力去实现安全生产的各种目标；我们要有雄心壮志，敢于去超越行业内安全生产的最好成绩；我们要有直面现实的勇气，勇于面对和迎接困难与挑战；我们要有坚忍不拔的意志，在挫折和失败面前百折不挠；我们要求真务实、脚踏实地、谦虚谨慎、艰苦奋斗，绝不作风漂浮、华而不实、骄傲自满、急功近利；最要紧的是，我们上下要心连心、手牵手，同呼吸、共命运，为了同一目标，自强不息、奋斗到底。

思想的力量。搞好安全生产必须要有好的思想、好的思路、好的策略。我们要致力于形成完整的、具有企业特色的安全工作思想、理论和策略体系，把企业的安全工作置于正确理论的指导下进行；企业的各个层次、各个部门都要形成自己清晰、正确、协调的安全工作思路，并且使之深入人心，一以贯之加以实施；我们要善于运筹帷幄，切实加强对安全生产的谋划和计划，不断提高安全工作的预见性和创造性；我们要善于进行系统思考，不断提高洞察事物的结构、本质、走势和把握事物全局的能力，不断提高安全工作的系统化水平；我们要善于总结、批判和反思，促进安全生产工作不断地改进、向着更高的境界发展。我们要善于抓主要矛盾和矛盾的主要方面，牢牢把握并且全力以赴抓好各个时期或各个阶段工作中具有全局性、战略性的重点工作。

科学的力量。搞好安全生产必须尊重科学、依靠科学。尊重科学、依靠科学就要求我们必须遵循安全工作的基本原则。这些原则主要包括：预防为主的原则、全员全过程全方位抓安全的原则、"三管三必须"（管行业必须管安全、管业务必须管安全、管生产经营必须管安全）原则、"三同时"（建设项目的安全设施必须与主体工程同时设计、同时施工、同时投入生产和使用）原则和"五同时"（在计划、布置、检查、总结、评比生产工作的同时，计划、布置、检查、总结安全生产）原则、"三保"（保人身、保设备、保系统）原则、"四不放过"与经验反馈原则、系统化标准化文件化原则，等等。尊重科学、依靠科学就要求我们必须遵循安全生产的基本规程制度，严格执行两票三制，严格执行技术监督制度，坚决杜绝各种习惯性违章和装置性违章。尊重科学、依靠科学就要求我们必须重视各种新方法、新技术、新材料、新工艺在安全生产中的运用。

学习的力量。搞好安全生产必须大力促进企业的学习。学习增长知识，知识改变命运；学习改变态度，态度决定一切。学习近乎是解决企业一切问题的治本之策。为了促进企业的学习，企业必须成为学习型企业，企业的各个部门必须成为学习型部门，企业的各级领导必须成为学习型领导，企业的每一位员工都应该成为学习型员工。为了促进企业的安全生产，必须要强调向工作本身学习，尤其要强调在解决问题中学习，从自己和别人的事故、异常中学习，真正把工作本身、把解决问题、把处理事故和异常当作最好的学习机会，牢牢抓住不放。

改变的力量。搞好安全生产必须要注重改变、坚定不移地走变革与创新之路。企业必须义无反顾地选择走改变之路、走变革与创新之路，并且要一直走下去，让改变、变革与创新成为企业生活中的空气、阳光和雨露，一刻也不能缺少。只有这样，才能使企业与时代共同成长和进步，以变化迎接变化，始终保持强大的活力和旺盛的生命力。正是这种活力和生命力推动着企业的一切进步。企业要实现安全生产的不断进步进而实现安全生产的长治久安，一刻也不能缺少这种活力和生命力。企业变革与创新的领域极其广阔、潜力无限，每一个领域的变革与创新我们都要加以探索和实践，都要在处理好改革、发展、稳定的关系的基础上，积极稳妥而又不失时机地加以推进。在企业改变的诸多领域中，我们要十分重视人的改变，尤其是人的信念和态度的改变，为此，我们要持之以恒地致力于促进员工的自由和全面的发展，让我们的员工在物质、精神和思维方面都变得更加自由。

群众的力量。搞好安全生产必须坚持走群众路线。安全生产工作是一项一切为了群众的工作，也是一项一切依靠群众的工作。群众中蕴藏着搞好安全生产的巨大积极性和创造性，这种积极性和创造性一旦释放出来，必将造成千钧重担众人挑、众人拾柴火焰高的生动局面，如此，一个企业的安全生产就有了最重要的群众基础。为了搞好企业的安全生产，企业的各级领导都要牢固树立群众观点，学会并善于走群众路线，并要懂得和牢记一个简单的道理：在多数情况下，作为领导所要做的，就是对自己的同事多一点信任、多一点尊重、多一点关心、多一点理解、多一点宽容。

走对的路、走下去

选择决定命运。搞好安全生产,把安全生产这件不简单的事真正做成不简单,最重要的事,莫过于要走对的路。路走对了,会越走越轻松,越走越简单,越走越自由和自信;路走错了,轻则会越走越累、越忙、越烦,重则会越走越迷茫,甚至是背道而驰、越走越远。这条对的路,我们一直在求索,也应该说不难找到,也确实找到了,有时我们把它概括为以人为本之路,有时我们把它概括为本质安全之路,有时我们把它概括为系统治理、依法治理、综合治理、源头治理之路,有时我们把它概括为科技兴安之路、文化兴安之路,等等,不一而足。这条对的路,基本上由两个部分组成:一个部分是规定动作,这是法定的,必不可少的,不以我们的意志为转移的,也是最基本的要求、底线的要求;另一部分是自选动作,可根据企业实际情况和实际需要加以选择,这一方面的选择,往往最能体现一个企业安全生产工作的特色、创新、追求和高度。规定动作不折不扣,再加上自选动作有声有色,就能走出一条具有企业自身特色的治安与兴安之路。路选对了,接下来更加重要、更具有挑战性的是要在对的路上走下去,一直走下去,一刻也不停留。这需要强大的动力、必胜的信念、坚韧的意志、过人的定力和智慧。在安全生产上,我们既要防止迷失在丛林之中,避免找错、走错了路的问题,更要防止在对的路上浅尝辄止,避免在对的路上频繁地换来换去,最后劳而无功、半途而废、一事无成的问题。走对的路、走下去,这也是安全生产永远在路上的题中之义和妙义之所在。

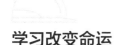

学习改变命运

（一）

学习是人类最原始、伟大而恒久的力量，是实现一切进步的前提；学习改变命运，其中就有企业安全生产的命运。在我们前进的过程中，我们必须要去完成的一项极其重要的基础性工作，要去实现的一个具有全局性的、战略性的重大目标，就是要只争朝夕，尽快地把我们的企业建成一个学习型企业。

什么是学习型企业？

用《第五项修炼》这本书的作者彼得·圣吉的话来说，学习型企业就是：一个不断创新、不断进步的组织，在这个组织中，大家得以不断突破自己的能力上限，创造真心向往的结果，培养全新、前瞻而开阔的思考方式，全力实现共同的抱负，以及不断探索如何共同学习。

用美国通用电气公司前总裁杰克·韦尔奇的话来说，就是一个企业要变成一个学习的组织，对于企业来说要有这么一个核心的理念，就是具备不断地向外界学习的欲望和能力，并且还要以最快速度将所学的一切转化为行动和能力。竞争力就是如此提升的。

用我们自己的话来说，学习型企业一定是一个志存高远，具有远大理想和抱负，富于远见，善于战略思维，经得起时间考验的卓尔不凡的企业；一定是一个以人为本，真正重视人、尊重人、关心人、理解人、同情人、宽容人、培养人、发展人，一切为了人，一切依靠人的企业；一定是一个一切工作都着眼和着力于人的自由和全面发展，有利于员工实现物质自由、精神自由和思维自由的企业；一定是一个尊重劳动、尊重知识、尊重人才、尊重创造的企业；一定是一个追求公平、正直、正义、美好和善良，能够让它的员工快乐工作着、幸福奉献着、自由创造着的企业；一定不仅仅是一个生产和输送产品的工厂，更是一个生产和输送人才的学校；一定还是这样的一个平台，在这个平台上，企业的每一个员工都是平等的，都受到普遍的关怀与尊重，都能愉快地、尽心尽力地甚至于创造性地工作，都能伴随企业事业的进步与发展分享成功的喜悦，获得公平的回报，实现自身的发展。

怎样建设学习型企业？

建设学习型企业是一项涉及企业和企业中每个成员灵魂的系统而又深刻的管理革命，需要决心和勇气，需要智慧和激情，需要众志成城和坚忍不拔，需要特别防止半途而废、浅尝辄止。

为了建设学习型企业，用《第五项修炼》的作者彼得·圣吉的话来说，就要加强五项修炼，克服企业学习的障碍。一是要自我超越，去实现心灵深处的真正渴望；二是要改善心智模式，学会用新眼睛看世界；三是要建立共同愿景，全力打造生命的共同体；四是要开展团体学习，去激发群体智慧；五是要学会系统思考，善于又见树木又见森林。

为了建设学习型企业，用我们自己的话来说就要：描绘蓝图感召学，转变观念激发学，建立机制激励学，制订规划引导学，营造环境促进学，体制改革带动学，技术进步推动学，构造平台方便学，敞开心扉互相学，一切着眼于学习，学习与工作高度融合，不断向学习型企业迈进。

为了建设学习型企业，企业的每一个领导都要争做并且成为学习型的领导，企业的每一位员工都要争做并且成为学习型的员工，企业的每一个班组都要争做并且成为学习型的班组，企业的每一个部门都要争做并且成为学习型的部门，企业的各种团体都要争做并且成为学习型的团体，并且要把企业个体的学习和各种团体、各个层次、各个部门的学习按照建设学习型企业的要求有机地结合起来，相互地激发起来，高度地协同起来。

为了建设学习型企业，还要大力培育企业的学习型文化。要在企业中树立起敢于批判与质疑、勇于创新与超越的精神，营造诚实、信任与合作的氛围和平等、自由与开放的环境，鼓励大胆尝试与创新，宽容错误与过失，倡导一切着眼于学习的处世原则，倡导工作就是最好的学习、解决问题就是最好的学习机会，倡导向最好的经验学习而不论其来自何处，彻底消除包括官僚、专制、等级、边界和封闭等在内的一切影响组织学习的障碍，让知识、思想和信息在企业的内部和外部自由地流动，对一切促进企业学习的行为进行奖励。

（二）

学习从本质上看是一个通过读书、听课、研究、实验、沟通、劳动与实践等方式以学得知识、技能，运用知识和技能改造自然和社会，并在改造自然和社会的实践中不断丰富和创造知识、发现和掌握新的技能的循环反复、不断提高，以至无穷的过程。无论是个人的学习，还是组织的学习，其引发和产生都必须有一些特定条件。在以下一些情境下，学习或者说高质量的学习就容易产生。

◎ 在对崇高理想和宏大愿景的追求过程中；

◎ 在强烈的事业心和高度的责任感、使命感的驱使下；

◎ 在共同的劳动与生产的实践中；

◎ 在更富于意义和挑战性的工作中；

◎ 在充分暴露问题和解决问题中；

◎ 在失败和挫折中；

◎ 在工作重新定义和岗位轮换中；

◎ 在转变观念和思维方式中；

◎ 在变革与创新的过程中；

◎ 在科学研究和实验中，在类似于创作的创造性活动中；

◎ 在类似教室和学校的环境中；

◎ 在置身于书本、报纸、杂志、互联网等的平台上；

◎ 在相互理解、宽容、支持和帮助的过程中，在互相敞开心扉、进行坦诚的沟通和交流的时候；

◎ 在批评与质疑的精神下，在相互反省和求真中；

◎ 在系统化的行为和思维习惯下；

◎ 在平等、竞争、开放、自由的气氛里；

◎ 在崇尚学习的氛围和文化中。

我们要创建学习型企业，大力促进企业的学习，在很大程度上就是要去创造一切引发和产生学习，尤其是高质量的学习的情境，并使这些情境相互交融、相互激荡、相互作用，共同谱写出美妙动听的学习乐章。

事故的启示

事故往往会在我们不经意的时候，尤其是在我们掉以轻心、漫不经心的时候悄然而至。每一起事故的发生看上去各有各的不同，具有偶然性，但其实背后都有大致相同的逻辑，具有必然性。要么是心不在焉、力不从心，要么是留有余力、未能倾力而为，要么是兼而有之。因此，我们的任务，我们唯一的办法，或者我们所能做也必须要始终做好的一件事情，就是要千方百计地让我们自己、让我们每一位员工、让我们的所有团队，都时刻保持着对安全生产敬畏的状态、经意的状态、警惕的状态、清醒的状态、尽心尽力和有力有效行动的状态，并使之成为一种自觉、一种习惯、一种本能、一种潜意识、一种条件反射、一种不由自主，只有这样，我们才能避免事故和不安全事件的不期而至，我们的安全生产才能行稳致远，最终走向本质安全和长治久安。

消除最后一公里现象

要搞好安全生产，很重要的一点，就是要找到一条对的路，并沿着这条对的路一直走下去、走到位、走到底。

在安全生产上，对的路相对好找，而且往往有很多条，并且相互之间孰优孰劣也难以进行比较，但只要相对优化、具有一定的先进性，又适合自己、运用起来得心应手，就是一条对的路、好的路。虽然可能不是最优，但它管用、能解决问题、令人满意。这条对的路，一旦我们认准和确立之后，接下来，最主要的问题，最需要做好的，就是要把它走好、走稳、走实、走到位、走到底。

应该说，经过这么多年来的努力和探索，我们在安全生产上找到一条对的路已经不是一个主要问题了。现在，我们在安全生产上存在的一个比较主要、比较突出、比较普遍的问题在于，我们找了也走了许多条对的路，但就是没有把一条路走好、走稳、走实、走到底。于是，产生了半途而废、浅尝辄止，频繁转换工作思路、方向与重点的问题。不能持之以恒、善始善终走完最后一公里的问题，就成了我们在安全生产上最常看到的一种现象，最容易犯的一种错误。这也成为我们在安全生产上不能化繁为简、超越繁忙最主要的根源之一。

"行百里者半九十。"做任何一件事，我们都需要解决好最后一公里问题，都必须要有一种持之以恒、锲而不舍、善始善终的钉钉子精神，而且，"船到中流浪更急，人到半山路更陡"，越到最后，越要坚持、越要坚守、越要坚韧，越要咬定青山不放松、不达目的决不罢休。

而要搞好像安全生产这样艰巨、复杂、持久的事，则更不例外，更是需要这样一种坚如磐石般的意志、态度和行动。

总之，在安全生产上，我们切不要因为在最后一公里上稍有放松和懈怠，而造成扼腕叹息、后悔不已的终身遗憾！让我们大家都来重视解决和消除安全生产上最后一公里的问题！

没有终点

　　企业安全生产的卓越之路和企业的卓越之路一样没有终点，我们在思想上始终要对安全生产的艰巨性、长期性、复杂性、曲折性保持一种清醒的认识。对于一时取得的成绩，一点都不要沾沾自喜、骄傲自满，对于一时碰到的挫折，也千万不要灰心丧气、沮丧失落。在安全生产上，我们要始终保持一种如临深渊、如履薄冰的忧患意识，始终保持一种从容自如的定力、一种百折不挠的韧性、一种勇往直前的拼劲。在任何情况下，都要以永远在路上的高度清醒和自觉，毫不动摇、毫不放松、毫不退缩地把安全生产这项极具艰巨性和挑战性的重大工作一往无前地向前推进！

永不懈怠

在我们安全生产前进的过程中，有一种重大的情况或问题，必须要引起我们的高度重视、警惕和防范——这就是安全生产中各种精神懈怠的问题：在安全生产局面变得平稳的时候，一些同志安全生产的思想之弦可能会变得越来越放松；在安全生产取得的成绩面前，一些同志可能会变得易于满足、安于现状；在安全生产年复一年、月复一月、日复一日的循环反复中，一些同志可能会产生一种心理上的疲劳和路径上的依赖，变得激情和创新不再；在安全生产上难题少起来的时候，一些同志发现和解决问题的能力可能会弱化；安全生产讲得多了，一些同志可能会感到有点烦，而一些领导也顾忌这一点，变得不愿意不厌其烦地讲安全生产了；在长周期安全生产的情况下，一些同志可能反而会背上思想包袱，变得谨小慎微，导致当断不断；在安全生产工作要求不断提高的情况下，一些同志的安全生产畏难情绪可能会与日俱增；随着时间推移，日子久了，关系熟了，安全生产上"种花"的人多了，而敢于坚持原则、动真格，愿意"种刺"的人少了；安全生产一时遇到挫折或不能立竿见影取得成效，一些同志可能就会心灰意冷、垂头丧气、失去斗志；随着事业的发展，安全生产工作新情况、新问题、新挑战不断增加，安全生产各个层次可能会出现一种力不从心的无力感；在企业从优秀走向卓越的过程中，企业由于不能不断超越自我，最终只能停留在优秀而不能跃升至卓越；等等。精神懈怠的表现各式各样，不一而足，其共同的危害都在于会极大地腐蚀安全生产的进取精神，从根本上动摇安全生产的精神基础，从而迟滞和阻碍一切安全生产的进步。精神懈怠是企业安全生产的大忌，是企业从优秀走向卓越的大忌。为了企业以及企业安全生产的卓越，我们必须义无反顾地选择永不懈怠！

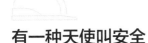

有一种天使叫安全

有一种幽灵叫风险，它变化多端、无处不在，无时无刻不在我们的身边徘徊和游荡！

有一种恶魔叫隐患，它是风险失控后的丑态，张牙舞爪、凶相毕露，时刻想着、准备着吃人和毁坏人世间各种美好！

有一种苦果叫事故，它是隐患衍生的产物，距离隐患只有半步之遥；它奇苦无比、奇涩难忍，人们对它恐惧无比、唯恐避之不及！

有一种天使叫安全，它与生俱来的使命就是要居安思危、逢凶化吉、化险为夷、转危为安，让风险的幽灵无处藏身，让隐患的恶魔消遁无影，让人世间不再有事故的苦果！

正是它——安全这一最坚强、善良、美丽而圣洁的天使，守望着人类生存和希望的底线，奠定了人类一切幸福和美好的基础，创造了人类一切文明和进步的条件！

生命至上是其头顶的天空；

固本强基是其脚踩的大地；

责任担当是其不竭的动力；

双重预防是其不变的铁律；

问题导向是其开门的钥匙；

系统思维是其强大的大脑；

有效组织是其伟岸的身躯；

核心能力是其挺直的脊梁；

四不伤害是其坚固的盔甲；

四不放过是其牢守的诺言；

应急救援是其必备的后手；

创新驱动是其手握的利器；

现场管理是其决胜的疆场；

先进文化是其高贵的灵魂；

永不懈怠是其不老的情怀。

它相信，它要走的是一条永无终点的路，必将终身与风险、隐患、事故共舞，必将终身与真、善、美为伍，必将终身与初心和使命、忠诚和担当、崇高和卓越同行！

它因此，面对惊涛骇浪时处变不惊，风平浪静时我心依旧；在成绩和荣誉面前不为所动，在困难和挫折面前毫不气馁；仰望星空时浪漫无边，脚踏实地时心坚无比！

它立誓把握当下，在任何时候、任何情况下都永不退缩、一往无前、全力以赴，让每一个当下都成为精彩永恒和经典，用一个接一个当下的精彩永恒和经典去铺就一路平安的最美风景！

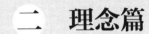

二　理念篇

安全生产八句话

1. 没有企业的安全生产便没有企业的一切；没有企业的卓越便没有企业安全生产的卓越。

2. 安全生产永远都没有放松警惕的时候，我们永远都需要保持一种战战兢兢的心态和永远都在路上的高度清醒与自觉。

3. 一切事故都是可以加以预防的，前提是一切的事情、一切的过程、一切的活动，都要赢在策划，经过有效组织。

4. 围绕安全抓安全，超越安全抓安全。

5. 凡事都要遵循 PDCA^①、5W1H^②、7S^③ 原则，确保总是做正确的事并以正确的方式把它做好；凡事追求整体上无可挑剔的和谐、创造细节上不由自主的感动。

6. 思想上的漏洞是安全生产上最大、最严重的漏洞，是一切事故的源头。从源头上防止事故，首先就必须要使我们的思想变得深邃和宽广起来、变得严密和严谨起来。

---

① PDCA 一般指 PDCA 循环。PDCA 循环是美国质量管理专家沃特·阿曼德·休哈特（Walter A. Shewhart）首先提出的，由戴明采纳、宣传，获得普及，所以又称戴明环。全面质量管理的思想基础和方法依据就是 PDCA 循环。PDCA 循环的含义是将质量管理分为四个阶段，即 Plan（计划）、Do（执行）、Check（检查）和 Act（处理）。

② 5W1H 一般指 5W1H 分析法。是对选定的项目、工序或操作，都要从原因（何因 Why）、对象（何事 What）、地点（何地 Where）、时间（何时 When）、人员（何人 Who）、方法（何法 How）等六个方面提出问题进行思考。

③ 7S 是整理（Seiri）、整顿（Seiton）、清扫（Seiso）、清洁（Seiketsu）、素养（Shitsuke）、安全（safety）和节约（save）这 7 个词的缩写。因为这 7 个词日语和英文中的第一个字母都是 "S"，所以简称为 "7S"。开展以整理、整顿、清扫、清洁、素养、安全和节约为内容的活动，称为 "7S" 活动。

7. 安全生产要切实解决一个问题——最后一公里问题；要切实防止一种情况——走了太多的路，但就是没有把一条路走通、走到底、走到位。

8. 重复只能维持现状，唯有创新才能改变；搞好安全生产，既需要不厌其烦的、千百次的高水平的重复，也需要必不可少的、关键性的高质量的创新。

安全生产八个关键词

——**无限热爱**：安全生产这项极具重要性和挑战性又极富人文性的事业，完全值得我们也需要我们去无限热爱，需要我们甘于、乐于为其竭尽所能、付出所有。

——**守土有责**："横向到边、纵向到底"，把安全责任传递到每一个层次、每一个角落，用重于泰山的责任之绳编织起牢固的安全之网，托起生命之重、改革发展稳定之重。

——**本质安全**：从或然安全走向必然安全，让本质安全的目标、理念、思维、方法深入人心，使之成为安全生产上人人、时时、事事、处处的一种根本遵循、一种自觉和习惯、一种本能和潜意识、一种传统和文化。

——**以人为本**：把以人为中心的思想贯彻到底，既要把人这一生产过程中最积极、最活跃、最具创造性的因素最大限度地发挥和调动起来，又要把人这一生产过程中最脆弱、最容易受到伤害的因素放到最高的高度，予以切实保护，还要把人这一生产过程中最容易变化、最不具有确定性的因素视为重中之重，切实加以防范。

——**问题导向**：视问题为机会，充分暴露问题，对问题立即响应，追求问题的根本解，从解决问题中学习，在不断发现和解决问题的循环反复中实现安全生产水平的螺旋上升。

——**有效组织**：树立一切事故都是可以通过有效组织加以预防的信念，并要在组织安全生产中坚持"两手抓、两手都要硬"，把赢在策划和赢在执行、源头控制和过程控制、风险预控和隐患治理、事故预防和应急救援有机结合、高度协同，鱼和熊掌兼得。

——**创新驱动**：唯有创新才能改变，要敢于、善于、乐于通过创新打破安全生产上的各种天花板，让创新成为滋润安全生产的阳光、空气、雨露，一刻也不能缺少。

——**追求卓越**：志存高远，对工作质量问题"零"容忍，对工作境界追求近乎苛刻，凡事"追求整体上无可挑剔的和谐、创造细节上不由自主的感动"。

安全生产十六字诀

人本

这是一个富有浓郁的人文色彩的词语，它包含了两层意义。一方面是要一切为了人、一切依靠人，把尊重人、关爱人、满足人、培养人、提高人、发展人作为根本目的和根本途径。

另一方面，体现到安全生产上，就是要把保护员工的安全与健康放到第一位，充分依靠和发挥全体员工的积极性和创造性，真正形成千钧重担众人挑、人人守土有责的生动局面。

速度

速度就是竞争力，速度就是生存和发展，速度就是安全与健康。

在今天这样一个速度制胜、速度决定一切的时代里，不论是为了企业广义的生存安全，还是为了企业狭义的生产安全，我们的企业和员工都必须要学习得更快一点，思考得更快一点，行动得更快一点，改变得更快一点，创新和创造得更快一点。为了企业的安全生产，尤其需要我们进一步大力实践敏捷生产的思想和理念，务求在体制、人员、设备、作风、文化等各个环节都变得更加敏捷。

集中

战争中最简单却重要并且最有效的原则就是集中。

这一原则运用到安全生产，就要求我们总是把企业的资源、精力、思想和智慧集中于企业的安全生产，集中于一个时期企业安全生产的主要矛盾和困难，集中于重大安全隐患的及早发现和及时排除，集中于当前最为紧迫、最优先要做好的重点工作。

预见

凡事预则立。

企业的安全生产要始终立于主动，这就要求我们坚决贯彻预防为主的方针，真正做到未雨绸缪，见微知著，防微杜渐，防患于未然。

系统

系统的观念和思维是人类最具创造性的一种力量，为了缔造一个卓尔不凡的企业，我们必须要致力于培养和发展这一方面的力量。

在安全生产上，我们同样要有系统的、全局的、战略的、长远的观念，要善于进行整体的、联系的、辩证的思考，善于又见树木又见森林，善于透过现象洞察事物的结构和本质，善于从根本上彻底解决问题。

协同

在空前团结的基础上，企业上下高度协同起来，这种力量将无坚不摧、无难不克、无往不胜。

从这一原则出发，在安全生产上，尤其需要企业上下同心同德、同舟共济、气氛和谐、步调一致、配合默契。

执行

行胜于言。

为了追求企业安全生产的卓越，我们要执着于行动，执着于落实，执着于解决实际问题，执着于把每一件必须要做的事情做到底、做到位，执着于千百次、千百万次地去重复那些看似简单的工作，执着于对本职工作和细节的尽善尽美的追求和落实。

反馈

没有反馈就不会有过程的稳定和持续的改进，就不会有事物不断从低级到高级的进化和发展。

反馈原则运用于安全生产中，就要求我们凡事均坚持 PDCA、闭环控制，要善于经常地进行批判、反思和总结，要勇于充分地暴露问题，要坚持"四不放过"，重视从经验、失败和挫折中学习。

安全生产十一个成语

以下十一个成语是源远流长的中华文化留给我们的宝贵财富，对于我们做好安全生产工作具有经久的指导作用，也是安全生产工作永恒的重点之所在。

——居安思危（对应忧患意识）；

——守土有责（对应主体责任）；

——春风化雨（对应教育培训）；

——运筹帷幄（对应管理策划）；

——未雨绸缪（对应风险预控）；

——防微杜渐（对应隐患治理）；

——化险为夷（对应应急救援）；

——吹毛求疵（对应监督检查）；

——亡羊补牢（对应举一反三）；

——争先恐后（对应奖惩考核）；

——潜移默化（对应文化引领）。

这十一个成语，实际上也是我们安全生产工作中的十一个标准化的动作，如果都做到位，都内化成为我们的文化的话，我们的安全生产将会是有保证的。

安全生产"12345"

　　未经思考的行动是没有意义的。为此，我们在安全生产上要三思而行、谋后而动。我们要勤于思考、善于思考，通过思考形成对生产工作的洞见和思路，尤其是形成具有先进性的理念和成体系的逻辑系统，即形成学习型组织的核心理念之一——心智模式的先进性。

　　1.追求一种卓越（或者说极致、完美）的境界。安全生产工作要凡事"追求整体上无可挑剔的和谐、创造细节上不由自主的感动"，执着地追求大气之美、和谐之美、简约之美、细节之美，努力形成一种卓越、极致和完美的境界。

　　2.坚持"两手抓、两手都要硬"。一手围绕安全抓安全、一手超越安全抓安全；一手抓顶层设计、一手抓固本强基；一手抓人本管理、一手抓科学管理；一手抓着眼长远、一手抓着力当前；一手抓赢在策划、一手抓赢在执行；一手抓源头控制、一手抓过程控制；一手抓风险预控、一手抓隐患治理；一手抓事故预防、一手抓应急救援；等等。鱼和熊掌可以兼得，也必须兼得。

　　3.践行"三化"理念，即优化（求真，科学的要求）、文化（求善，人文的要求）、美化（求美，艺术的要求）。安全生产工作的本质就是追求"三化"，在安全生产工作中，我们最希望看到和实现的激动人心的目标，无不藏在真善美的交集所在处。在处理安全生产事务中，我们必须要勤于思考、善于求问：这样做真不真、善不善、美不美？

　　4.坚持"四个导向"，即人本导向、问题导向、学习导向、创新导向。

5.实现"五个生产",即敏捷生产、安全生产、经济生产、清洁生产、精益生产。前面四个生产是目标,最后一个精益生产是实现四个目标的方法、路径。

以人为本

人是生产过程中最积极、最活跃、最具创造性的因素，也是生产过程中最脆弱、最容易受到伤害、最需要受到保护的因素，还是生产过程中最易变化、最难改变、最需要受控的因素，这就决定了安全生产工作必须要坚持"以人为本"，一切为了人、一切围绕人、一切依靠人、一切以保证人的安全与健康为第一责任。从"以人为本"出发，我们要把"四不伤害"（不伤害他人，不伤害自己，不被他人伤害，保护他人不受伤害）作为神圣的天职、崇高的职业道德，千方百计地提高人的可靠性、管控人的不可靠性。

系统思维

系统思维是一个学习型组织必须要做好的第五项修炼——最高境界的修炼，正是它让一个组织拥有看穿本质、把握全局、切中要害的能力。一个组织一旦修炼到这种境界、真正掌握了系统思维的武器，往往会变得无比强大，具有排山倒海、攻无不克、战无不胜的无穷力量。安全生产是最为艰巨复杂的系统工程之一，无疑也最需要借助系统思维的理念、原理和方法，如此才能驾驭。安全生产工作，最忌讳碎片化，东一榔头、西一棒槌，脚踩西瓜皮，走到哪里滑到哪里；最忌讳就事论事，头痛医头、脚痛医脚，反应式思维而不是反思式思维；最忌讳一叶障目、不见泰山，只见树木、不见森林；最忌讳拆东墙补西墙，今日的问题来自昨天的解；最忌讳以战术上工作的勤奋来掩盖战略上思考的惰性。而摒弃和避开这些最忌讳的东西的最好出路，甚至是唯一出路，正在于加强第五项修炼——系统思维的修炼，让系统思维真正浸入我们的骨髓里，成为我们思想和行为的灵魂、基因与习惯。

问题导向

（一）

坚持以问题为导向，并把它作为一种重要的甚至是主导的工作机制，以此来有效地牵引整个安全生产工作，这是安全生产工作的一项重大原则和重要方法。坚持以问题为导向，要求我们在安全生产工作中必须要不害怕充分暴露问题，必须要找准、找对问题，必须要对问题立即响应，必须要追求问题的根本解，必须要从解决问题中学习，必须要在不断发现和解决问题的循环反复中实现安全生产水平的螺旋上升。

从问题导向出发，有两个理论值得我们在安全生产中一再去玩味、思考和实践：一个是破窗理论（效应），一个是冰山理论（效应）。前一个理论告诫我们，对于安全生产中的问题一定要立即响应，即便是一些所谓的细小问题也不能放过，要见微知著、防微杜渐，要做到零缺陷、零问题，要做到"四不放过"。后一个理论告诫我们，浮在海面上的只是冰山的一角，百分之八十的问题都隐藏在下面。在安全生产上，隐性的问题比显性的问题要多得多，我们不能被冰山的一角——显性的问题迷惑，要增强危机感，想方设法让冰山的主体——隐性的问题浮上来，以更大的力气解决好显性问题背后的隐性问题，让整座冰山消融掉。

从问题导向出发，企业各个层级都要对安全生产存在的问题做到心中有数，了如指掌，要建立起滚动的监控机制，协调集中各种资源对问题予以聚歼和解决。

（二）

企业的安全生产注定要也必将在穿越问题的丛林之中一路前行。

有问题解决问题，看上去是很笨的一种方法，但其实也是最佳的方法之一，是一条"捷径"。

问题绝对存在，安全生产上最大的问题是觉得没有问题或看不见问题。

大问题解决了，小问题就上升为大问题。旧的问题解决了，新的问题又会出现。发现和解决问题将贯穿于企业的始终。

问题终究可以解决，迄今为止还没有解决不了的问题，事实上我们的安全生产就是在不断面对和解决问题中一往无前的。

问题来了，机会就来了。解决问题是最好的学习和进步的机会，我们要热衷于去发现和解决问题。

发现问题在某种程度上胜于解决问题，我们要培养一双对问题明察秋毫的敏锐的眼睛。

千万不要把问题掩盖起来，也不要试图在小范围内解决问题，而要尽可能广地充分暴露问题，让问题成为过街老鼠，人人喊打。

对问题零容忍并立即响应，安全生产上最大的悲哀莫过于对问题麻木不仁、无动于衷而错失解决问题的良机。

追求问题的根本解，千万不要热衷于、满足于问题的症状解，头痛医头、脚痛医脚。

滚动地梳理和解决问题，在问题解决前，紧紧盯住问题不放。

在同时有许多问题要解决的时候，要把资源、时间和精力优先放到最迫切需要解决的前五个问题之上。

　　解决问题的经验太过宝贵，必须加强经验反馈，对解决问题的过程进行必要的知识管理，总结提炼。

有效组织

组织的使命就是通过运用和整合资源，去解决问题、完成任务、创造价值、达成目的。有效的组织产生有效的行动和结果，企业和企业安全生产的一切美好的愿望，无一不是通过有效的组织得以最终实现的。为了让企业生产更安全、生存更安全，我们必须更加自觉和善于用好有效组织这一撒手锏。

有效的组织：首先，必须要基于崇高的目的、符合真善美标准；其次，必须要建立在正确的思维，特别是系统思维、底线思维和法治思维的基础之上；第三，必须要统筹兼顾，坚持"两手抓、两手都要硬，"鱼和熊掌兼得；第四，必须要运筹帷幄，把最严密的策划和最严格的执行最有机地结合起来；第五，必须要把 PDCA、5W1H、7S、QC^① 等科学管理常用工具娴熟地运用好，把精益生产、准时化生产、并行工程、全面设备管理等现代管理理念努力地践行好；第六，必须要把"追求整体上无可挑剔的和谐，创造细节上不由自主的感动"坚持和贯彻到底；最后，也是需要特别强调的是，必须要把双重预防工作与要求有效地嵌入到组织的一切过程、环节和活动之中，从而从组织的源头上筑牢防范风险的铜墙铁壁。

---

① QC 即 quality control，意为质量控制。

赢在策划

策划是一种设计、一种安排、一种选择，或是一种决定，更加确切地说是一张改变现状的规划蓝图，其作用就是要以最低的投入和最小的代价，达到预期的目的。"凡事预则立，不预则废""人无远虑必有近忧""谋定而后动""选择大于努力""选择决定命运"……这些耳熟能详的名言警句，说明同一个道理——凡事要赢在策划。很多企业能在激烈的竞争中胜出，赢就赢在策划上先人一步、胜人一筹、高人一节。我们要搞好安全生产，也必须要确立"赢在策划"的理念，把功夫放在策划上，在策划上下足精力，动足脑子。在这个基础上，再把最严密的策划和最严格的执行高度地结合起来，如此，我们安全生产的参天大树才能牢牢地扎根在坚实的大地上。

顶层设计作为策划的最重要输出之一，其重要性对于一个企业来说就相当于宪法之于一个国家、航海图之于远航的轮船。企业没有顶层设计，这就好比国家没有宪法，好比轮船远航没有航海图。顶层设计对于一个企业来说就是它的战略和规划（通常形成的是《企业管理手册》），对于一个项目来说就是它的建设策划书和施工组织设计，对于一次机组检修来说就是它的《机组检修管理手册》，对于年度安全生产工作部署来说也就是每年的安全生产1号文件。赢在策划必须要首先赢在顶层设计上，我们必须要把足够的功夫下到顶层设计上，做足这一方面的功课，这是赢在策划的要义和重点之所在。

创新驱动

对一个志存高远的企业来说，没有什么比创新和孕育在创新中的人类对真、善、美的永无止境的追求精神更值得倚重和依靠的了。为了培养和发展一个企业特有的、难以被替代和仿制的、能为企业获取长期竞争优势提供支撑的核心能力，我们一定要让创新成为企业的灵魂、基因，成为企业的阳光、空气、雨露，一刻也不能缺少，让人人、时时、事事、处处创新的氛围弥漫在企业的每一个角落。"做与众不同的事和以与众不同的方式做"，应当成为我们企业创新和做事的座右铭。

企业安全生产同样需要和呼唤着创新。安全生产工作的重大目标就是求稳，但是，我们的安全生产工作不能一味求稳。在安全生产上一味求稳、偏安一隅、墨守成规，不但不能求得真正意义上的稳定和长治久安，久而久之，只会使我们安全生产的机能退化，逐步滑向无可挽回的境地和局面。事实上，我们在安全生产上取得的一切重大的进步，无不是在创新的驱动下取得的。创新推动进步，重大的创新推动重大的进步，甚至有些小的创新，也会带来意想不到的重大的进步。为了让我们在安全生产上提高和进步得更快一点，追求和实现更高水平的稳定，我们必须要敢于、乐于、善于创新。

其实，创新也不是一件很神秘、高不可攀的事情，它在很大程度上仅仅是一种习惯而已，是一种思维和行为的方式而已。只要我们经常思考和实践两个问题——我们能不能经常地做一些别人没有做过的事情，我们能不能以更有创意的方式做别人在做而我们也必须要做的事情，如此，我们创新的思想、火花、举措便会源源不断地涌现出来！

要事第一

为了搞好安全生产，毫无疑问我们必须要去面对和处理很多很多的事情，这些事情按照重要性和紧迫性来划分可以分为四类：第一类，重要而紧迫；第二类，重要但不紧迫；第三类，紧迫但不重要；第四类，既不重要也不紧迫。搞好安全生产的一个重要的秘诀就在于，既要着力当前、只争朝夕抓好第一类——重要而紧迫的事情，更要着眼长远、锲而不舍抓好第二类——重要但不紧迫的事情，千万不要把时间和精力无谓地浪费在第四类——不重要也不紧迫的事情，以及第三类——看上去很紧急、其实不重要的事情上。搞好安全生产最智慧的办法就是要贯彻"要事第一"的原则，把我们主要的时间、精力和资源永远放在做重要而不紧急的事情上。

我们完全可以相信，也可以发现，一旦我们把第二类的事情——重要但不紧迫的事情抓好了，那么，第一类的事情——重要而紧迫的事情，会显著地减少，我们的安全生产工作会进入一种良性循环，我们会变得更加从容不迫、更加驾驭自如、更加得心应手，也会变得更加自由自信起来，我们会以更快的速度变得更加先进起来。

先人后事

人在企业中必须是第一位的，优先于技术、财物、市场等其他任何资源与目标。企业要真正重视、真情关怀、真心爱护人，把人本身的发展作为目的，一切工作都要着眼和着力于人的自由和全面发展，凡是与以人为本相背离的不合时宜的做法都要改变。

要确立"以人为本"的思想和人才制胜的战略，充分认识蕴藏于员工身上的精神、思想、智慧、经验和能力才是对企业来说真正重要的，这些资源是需要企业倍加珍视、妥善保护、积极开发、合理运用的战略资源。

要大力弘扬崇尚知识、尊重人才的风尚，营造热爱学习、钻研业务、追求上进的浓厚氛围，努力把企业建设成为一个充满生机与活力的学习型企业，让终身学习在企业蔚然成风，成为广大员工的一种精神追求和提高生活质量的一部分。

要深化劳动、用人和分配制度改革，制订和实施员工教育培训规划，鼓励和引导员工做好职业生涯规划，构造高质量知识共享平台、促进知识共享，努力形成促进人才辈出的机制，创造能使员工心情舒畅、员工的积极性和创造性得以充分发挥的环境。

要致力于组织的无边界化，彻底打破横隔在组织内部上下级之间、部门之间、人与人之间和组织内部与外部之间各种有形和无形的边界，让知识、思想和信息在组织的内部和外部自由地流动。

要致力于去创造一个平台，在这个平台上，企业的每一个员工都是平等的，都将受到普遍的关怀和尊重，都能愉快地、尽责尽力地甚至创造性地工作，都能伴随企业事业的进步和发展，分享成功的喜悦、获得公平的回报、实现自身的发展。

文明生产

　　文明生产是一个基础，离开这个基础，安全生产的万丈高楼将无法平地拔起；文明生产也是一种境界，这一方面的境界不高，安全生产的境界也高不到哪里去；文明生产还是一条必由之路，坚定地沿着这条路走下去，可以让我们在安全生产之路上走得更加顺风顺水，越来越平稳和坚实；文明生产还是一面镜子，借助于这面镜子可以立即照出安全生产工作进步的快慢、现场管理水平的高低、企业精神面貌的好坏。我们必须要把安全生产建立在坚实的文明生产的基础之上。

质量强安

（一）

安全与质量是一体两面，是一对连体的双胞胎：质量是安全的基础，安全是质量的属性。质量与安全的关系，形象地说，就是本与木的关系，质量是本，安全是木；就是源与水的关系，质量是源，安全是水；就是因与果的关系，质量是因，安全是果。安全离开质量，那无疑就是无本之木、无源之水、无因之果，就是空中楼阁、水中捞月、镜里看花。

安全与质量的辩证关系启示和告诉我们：安全与质量之间不存在孰轻孰重的问题，坚持"安全第一"必须要在坚持"质量第一"中得到落实，坚持"质量第一"必须要在坚持"安全第一"中得到体现。而且，"安全第一"必须要首先和切实建立在"质量第一"的基础之上，安全生产的万丈高楼必须要以坚如磐石的质量为基础。

鉴于安全与质量的辩证关系，围绕抓好安全生产，我们必须要横下一条心，老老实实地抓好质量工作，切切实实地打牢安全生产的质量基础。当下，工作质量不高、质量管理薄弱、质量基础不牢固仍然是我们各类事故发生的主要根源之所在，是我们安全生产面临的最大威胁之所在，是我们安全生产进步中的重大瓶颈制约之所在。我们必须比以往任何时候都要更加自觉，并要积极争取做到更加自信、更加自由地行走在质量强安的必由之路上！

（二）

安全工作与质量工作本质是同一个问题，坚持"安全第一"本质上就是要坚持"质量第一"。"安全第一"没有"质量第一"为基础的话，"安全第一"将是不可靠的。抓好安全工作就必须要抓好各个环节的质量，比如说要素的质量，人、机、物、料、法、环等要素的质量有问题就会导致不安全事件发生；还比如我们的工作质量，包括提高要素和改进要素的工作质量，把要素有机结合起来的工作质量。所以"安全第一、预防为主"真正落到实处就要落实到"质量第一、预防为主"上去，每个部门、每个人都要去解决好改进和提高工作质量的问题，比如组织一个会议就要思考如何保证会议的质量，编写一个方案或者文件就要思考如何保证方案或者文件的质量。我们一定要把"安全第一、预防为主"提前一个环节，落实到"质量第一、预防为主"上面去。

现场管理

生产活动和人员集中在现场，不安全的现象和事件发生在现场，风险和隐患存在在现场，矛盾和困难暴露在现场，现场无疑是我们安全生产的主战场。我们必须要重心下沉、关口前移，将安全生产工作的焦点对准现场，把资源和精力集中到现场，把措施和部署落实到现场，把安全隐患和事故苗头坚决消灭在现场，把安全生产工作最后一公里的问题彻底解决在现场。

加强现场管理要求有很多，其中，最重要、最紧迫的一件事就是要把 7S 管理这件触及灵魂的事做好，用它来推动一场现场管理的革命，用它来赢得现场管理的革命性变化与进步。

细节管理

细节决定成败。为了把企业的安全生产引向卓越，我们的企业和员工必须要无限地热爱细节、重视细节、关注细节，努力地追求细节的完美，创造细节上的卓越和感动。

如何加强细节管理？概括地说，不外乎两个方面：一个方面就是，我们要善于发现细节，发现那些攸关成败的、细小难辨的管理环节、行为和态度；另一方面，我们要探究细节的深层含义，探究诸如事情是怎么来的、又将如何发展之类的问题，也就是说，要善于从细节当中去发现和揪出魔鬼，从那些看似普通的小细节当中去洞察和发现深藏的奥妙和玄机，在对细节的无限热爱和对完美的永无止境的追求中，去创造出细节上的卓越和感动。

通过改进和加强细节管理，要力求促成企业以下一系列的转变：

——从经验管理向科学管理转变；

——从静态管理向动态管理转变；

——从宏观管理向微观管理转变；

——从现象管理向本质管理转变；

——从问题出发向问题发现转变；

——从治表管理向治本管理转变；

——从末端管理向源头管理转变；

——从事后管理向事前管理转变；

——从结果管理向过程管理转变；

——从线性思维向系统思维转变；

——从被动管理向主动管理转变；

——从关注突变向关注渐变转变。

"严、细、实、恒"

安全生产上常见的一种错误，就是走了太多的路，但唯独没有把一条路真正地走到底，抓了太多的工作，但唯独没有把一件工作真正抓到位。我们都知道，实际上只要把违章杜绝了，在安全生产方面，百分之八九十的问题，也都解决掉了，但难就难在把杜绝违章完全抓到位从来就不是一件易事。抓安全生产工作，与其面面俱到、蜻蜓点水、浅尝辄止，倒不如抓住要害、一抓到底、滴水穿石。当前和今后我们都有必要把防止和纠正我们安全生产当中存在的这一问题，作为一个重要的方面，大力抓好，也就是要下决心彻底解决好安全生产的最后一公里的问题。千万不能半途而废，很多好的做法，看准了，选对了，就要把它一直做下去、做到位，动作不要变形，把它做出实效。最根本的措施，就在于要大力倡导和培育"严、细、实、恒"的作风，坚决打牢安全生产的这个作风和文化的基础。做好安全生产首先选择相对稳定的正确做法，然后坚持下去，滴水穿石，久久为功，终归会见到我们期望见到的实效。

"四不放过"

对待一切事故，我们必须做到"四不放过"：（1）事故原因未查清不放过；（2）责任人员未处理不放过；（3）责任人和群众未受教育不放过；（4）整改措施未落实不放过。

对待一切作业，同样也有一个"四不放过"的问题，我们必须做到：（1）未制订书面化的作业指导文件并对有关人员培训交底使其理解无误不放过；（2）未对开工条件进行现场检查确认不放过；（3）未对危险性较大的作业点实行停工待检、进行现场安全确认不放过；（4）未对工作间断、终止、转移、变更、延期等事项采取必要的措施、履行必要的手续不放过。

把握当下

有一句话叫"千里之行，始于足下"，这个足下就是我们的当下。还有一句话叫"种瓜得瓜，种豆得豆"，我们播种什么就会收获什么。每一个当下都是一种合理的呈现，都是上一个当下播种的结果和下一个当下播种的开始。我们要以归零的心态和时不我待、只争朝夕的紧迫感，去牢牢地把握好安全生产的每一个当下，全力让每一个当下都成为一个最佳的呈现，成为精彩永恒和经典，用一个接一个当下的精彩永恒和经典绘就安全生产一路平安的最美风景！

三　任务篇

愿景的力量

愿景是什么？愿景就是那幅深深地嵌入我们心灵深处、我们一心一意要把她画出来而且必须把她画好的、关于我们未来的美好景象，更加通俗地说，就是我们心中的那个最想去实现、最需要去实现、最可能去实现的共同理想。愿景是一面旗帜，全体员工在共同愿景的旗帜下空前地凝聚、团结和行动起来，为她努力、为她投入、为她奋斗、为她献身，这是一切组织、一切企业、一切事业必定要取得胜利的基本前提和根本保证。

在安全生产上，我们的愿景是什么？有时我们把她描述为打造一个本质安全的企业，有时我们把她描述为打造一个生存安全的企业，有时我们把她描述为打造一个长治久安的企业，有时我们把她描述为打造一个行稳致远的企业，等等，不一而足。需要强调的是，语言和文字再怎么有诗情画意，但她常常还是苍白无力的，并不能真正表达出我们心中的愿景——那个众里寻"她"千百度的她。好在真正重要的是她一直就存在在那里、一直就在我们心灵的深处，只要我们一直一往情深地牵挂她、热爱她、守护她，总有灯火阑珊的时候，总有蓦然回首的一刻。安全生产上，这个众里寻"她"千百度的她，这份对灯火阑珊处蓦然回首的期待，就是我们的愿景。这一愿景是如此博大深邃、情怀激荡，令人牵肠挂肚、魂牵梦萦，以致我们一直被她深深地吸引着、打动着，心甘情愿地为她守望、为她奋斗。我们的安全生产之路，过去，就是这样一路走来，筚路蓝缕，风雨无阻，无怨无悔，今后，仍然会一直这样走下去。

安全生产目标与任务

没有目标的领域往往是碌碌无为的领域，企业在安全生产上要有所作为，必须首先要做到目标科学、明确而坚定。安全生产的目标是分层的：底线目标是要杜绝重大恶性事故，超越其上的是"零事故"，再在其上的是本质安全，终极目标则是长治久安。安全生产的目标又是分级的，以大型集团企业为例：有集团级的，有板块级的，有营运企业级的，有车间（部门、项目）级的，有班组和个人级的。上述分层分级的目标必须要构成相互耦合、有机联动、互动互促、不可分割的自洽整体。

企业的事业发展得越快、前景越宽广，企业安全生产的任务就越重、越具有挑战性，我们必须要深刻认识、准确把握企业各个时期具有许多新的特点的安全生产任务。

从矛盾的普遍性和事物发展的普遍规律来看，虽然各个企业在不同的历史时期，安全生产的工作重点会各有不同，但是就基本的要求来说还是大致相同的，遵循着大致相同的逻辑和规律，并且构成了企业安全生产的主体和主旋律。这些大致相同的要求从一个侧面看可以概括为七个"打"：打牢安全生产长治久安的墙根子（治理现代化）；打破安全生产事业理论的天花板；锻打安全生产教育培训的撒手锏；打造敏捷、简约、稳定、高效、和谐的供应链；打赢问题企业与领域安全生产治理攻坚战；打通"三新"（新事业、新企业、新项目）安全生产核心能力提升的快通道；打开"科技兴安""文化兴安"新局面。

从矛盾的特殊性和事物发展的特殊规律来看，一个企业的安全生产工作除了要结合实际创造性地落实好以上这些不同企业大致相同的要求以外，还要特别重视加强对本企业安全生产特殊情况、特殊规律的研究，提出切合实际的特殊要求、特殊措施，并且同样要创造性地狠加落实。

创造性是一切工作的灵魂之所在。企业的安全生产工作，要通过一切从实际出发、创造性地开展工作，使其既契合矛盾的普遍性和事物发展的普遍规律，又契合矛盾的特殊性和事物发展的特殊规律，从而独具特色，别开生面，风景这边独好！

坚决杜绝发生重大恶性事故

历史和现实、国内与国外一而再再而三地发生的重大恶性事故，像一记记重锤敲响了安全生产的警钟，以极其惨痛的方式告诫我们，安全生产工作必须突出反事故斗争重点，坚决杜绝重大恶性事故发生。坚决杜绝重大恶性事故发生是我们安全生产工作的底线，这条底线绝对不能突破、绝对不能失守，必须要严防死守、群防群守、长防长守。杜绝重大恶性事故发生，需要从以下方面着力。

——最根本的措施是组织措施。要切实按照"既要赢在策划，又要赢在执行；既要源头控制，又要过程控制"的要求，严密组织措施的策划，严格组织措施的执行。一些重要的组织措施，包括工作策划及其形成的文件、施工组织设计、技术方案、作业文件包、两票三制、技术交底、停工待检、安全确认等，要足够、充分、有效、严丝合缝，同时又要最严格地、不折不扣地执行。要特别重视基建与生产等各种接合面上安全措施的制订和落实，加强多人员、多工种、多班组、多部门、多单位交叉、配合和协同作业的组织、协调和控制。还必须要强调在组织一切生产工作中，必须要贯彻"三同时""五同时"原则，正确处理好安全、质量与进度的关系，绝不要、绝不能以牺牲安全、质量来换取所谓的进度。

——最重要的工作是以抓预防为主。一定要未雨绸缪、防微杜渐，切实抓好风险预控和隐患排治双重预防机制的建立和落实；还要以防万一、以备不测，抓好应急救援体系与措施的健全完善和常备不懈；此外，"他人亡羊，我亦补牢"也是预防为主的题中之义，我们也必须要切实做到。

——最主要的方法是抓主要矛盾和矛盾的主要方面。重大恶性事故的发生留给我们的教训肯定是多方面的，其中很重要的一个方面，就是启示我们要在普遍地加强安全生产各个环节、各个方面的工作的同时，更要对安全生产的一些特殊环节、特殊方面，给予特殊的重视、特殊的对待、特殊的管理和控制。这里的特殊环节、特殊方面包括六个方面：特殊物品（危化品、易燃易爆品、有毒物品等）；特殊场所（危险品库、受限空间、氨区、氢站等）；特殊人员（特种作业人员、外来人员、新入职人员等）；特殊作业（起重、高处、焊接、切割、带电、涂磷等）；特殊设备（特种设备、安全工器具等）；特殊时间（敏感时期、关键节点等）。牢牢地抓住了这些特殊环节、特殊方面，就是抓住了安全生产的主要矛盾和矛盾的主要方面，我们就能尽可能地避免在安全生产上犯不可挽回的错误。

——最需要持之以恒抓好的重大工作是反违章和落实防止各类重大事故的重点要求。必须要在一切工作、一切活动、一切过程中坚决杜绝各种管理性、作业性和装置性违章，消除人的各种不安全行为和物的各种不安全状态带来的隐患。必须要将防止各类重大事故的重点要求落实到各个方面、各个环节、各个岗位、各个人员，坚决筑牢防止各类重大事故的防线。

——最需要坚持的一项工作原则是我们一直要求、反复强调的问题导向的工作原则。要穷尽一切可能去排查发现一切问题，也要穷尽一切可能去解决一切问题，尤其要以时不我待的紧迫感去治理和消除重大设备隐患和安全隐患。无数事故以血的教训告诉我们，安全生产上最大的、最容易产生并最容易导致最严重后果的漏洞，恰恰是我们思想上的漏洞，而思想上的漏洞又是我们一切工作、行动和措施上的漏洞的主要根源。鉴于此，为了杜绝重大恶性事故，我们必须要穷尽一切可能去严密思想，坚决杜绝思想上的各种漏洞，严密地织牢思想这张安全网。

安全生产的"四个转变"

安全生产工作要努力去实现以下四个方面的转变。

——从被动防范向主动管理转变；

——从集中整治向规范化、制度化和经常化转变；

——从事后查处向基础管理转变；

——从以控制事故为主向全面做好职业安全健康工作转变。

安全生产事业理论建设

事业理论的高度决定事业可能达到的最大高度，打破安全生产的天花板必须首先打破安全生产事业理论的天花板。要在既有的丰富实践与探索的基础上，通过以我为主、博采众长、融合提炼、自成一体的系统化和书面化过程，编制出《企业（安全）管理手册》，使之成为企业安全生产的"宪法"、安全文化的基石、组织生产的最高纲领和行动指南，这是企业安全生产最高层次、最为重要的顶层设计，是一个企业的安全生产走向卓尔不凡的阳关大道和必由之路。

安全生产核心能力建设

核心能力是一个企业的命根子、撒手锏、看家功夫，因此极为重要，正是它决定了一个企业的生存地位、生存方式、生存状态、生存价值，甚或生存理由，决定了一个企业是伟大还是平庸、是恒星还是流星。正因如此，核心能力建设对所有企业来说都是一项需要贯穿始终的重大工作，必须要放到最紧急、最重要、最优先的位置予以对待和处置。企业必须要也必定要伴随着核心能力的成长和强大而成长和强大起来，企业安全生产也是这个道理。

企业安全生产究竟需要一种什么样的核心能力？大致可以概括为以下十个方面的能力：总揽全局的系统思考力；一叶知秋的事物洞察力；运筹帷幄的资源整合力；明察秋毫的风险监控力；雷厉风行的工作执行力；随机应变的现场处置力；化险为夷的应急救援力；与时俱进的全员学习力；敢为人先的全面创新力；于无声处的文化软实力。这种核心能力必须是也只能是来源于先进的思想、先进的理论、先进的制度、先进的组织和先进的文化及其有机结合，而学习、思考、实践、斗争和创新则是获取这种核心能力的主要途径。

需要强调的是，在安全生产核心能力建设中，制度的先进性建设是带有根本性和全局性的，必须要作为重中之重。制度的先进性建设包括内容的先进性建设和形式的先进性建设两个方面：要求内容体现时代性、符合规律性、富于创造性；要求形式符合第一层次（安全生产管理手册）、第二层次（安全生产体系文件）、第三层次（安全生产具体制度）的文件体系架构。现在，第一层次文件的缺失是一个带有普遍性的问题，是制约制度先进性建设，乃至制约安全生产境界提升的一个亟待突破的瓶颈。

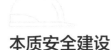

本质安全建设

"本质安全"一定是、一直是我们要去全力实现的重大安全生产目标，也一定是、一直是我们要全力实践的安全生产工作重要理念、思维和方法。许多安全事故的发生，无一不是因为在人、机、物、料、法、环组成的有机系统的某一个环节或者某几个环节，存在着本质上的不安全因素。只要这种本质上的不安全因素存在，这个系统本质上就是不安全的，在一定的条件下，安全事故就会不期而至，不可避免地发生。要把安全生产工作抓好，我们必须要真正确立起"本质安全"的目标，实践好本质安全的理念，运用好本质安全的思维和方法，坚决打牢本质安全的基础。

推进本质安全建设是一个庞大的系统工程，既需要全面谋划、整体推进，也需要克难攻坚、重点突破，还需要持之以恒、久久为功。关键是要统筹抓好以下七大工程。

——全员素质提升与责任担当工程；

——全方位反违章管理工程；

——全寿命设备管理工程；

——全过程质量管理工程；

——全面风险管理工程；

——全时空环境管理工程；

——全天候命运共同体打造工程。

　　无论如何，我们一定要让本质安全的目标、理念、思维、方法深入人心，使之成为安全生产上人人、时时、事事、处处的一种根本遵循，一种自觉和习惯，一种潜意识和条件反射，一种文化。

双重预防机制建设

在安全生产中，究竟存不存在着一条起直接性、主导性、控制性作用的路线，从理论到实践上来说，只要这条路线走好了、走通了、走到位了，就一定能够完全斩断一切事故的链条、杜绝一切事故的发生？结论是肯定的，它是存在的，而且就在我们的面前、脚下——它就是我们从上到下、反反复复要求和强调的风险预控与隐患排治相结合的双重预防工作与机制。只是现在我们一些单位、一些部门、一些同志还只是把这一工作作为要事之一而不是第一要事、作为重要工序而不是主导工序来对待，这是当前我们安全生产中存在的带有普遍性的突出问题。当下，我们迅速地把在这一方面的认识提高并迅速地、务必地让思想重视、责任落实、制度健全、组织严密、措施完善、保障到位的一系列要求按照工序服从的要求真正体现、完全地落实到双重预防这一主导工序上来，从而让双重预防真正成为我们安全生产上有机整合和有效串连各种资源、工作与措施，求得根本解、遏制人身事故、实现本质安全、走向自由王国的一条坦途与必由之路，一件撒手锏，一种思维方式、行为习惯和常态化的工作与机制，这是推进企业安全生产治理现代化和核心能力建设的一项重大而紧迫的任务。

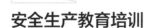

安全生产教育培训

　　如何采取切实有效的措施极大地提高员工的安全意识、安全素养、安全技能，是安全生产必须要长期面对、始终破解的重大难题。破解这一难题，既需要我们总结多年来各种行之有效的做法和举措，也需要我们在新的历史条件下做出新的实践和探索。这种新的实践和探索可以包括但不限于（以大型集团企业为例）：集团公司组建安全教育培训中心（可以和集团培训公司有机融合），各规模以上单位建立各有特色的安全教育培训室，并利用现代化的网络教育手段，实现全集团范围内安全教育培训资源的互联互通和有机整合、共享共用；利用集团公司各有关单位既有资源，布局建设系列全仿真技能培训基地，为员工技能培训高质量发展创造条件；组织编写《企业安全生产手册》《员工安全生产手册》等系列丛书，用于满足员工学习、培训和提升的需要；有计划、有组织地开展对企业领导和骨干人员的安全生产轮训，持续地、普遍地提高骨干人员的安全生产素养；活跃和深化各个层次的竞技和比武活动，带动全员安全生产学习的比学赶超热情。

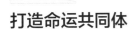

打造命运共同体

　　与供应商（包括设备和服务供应商）共成长、形成命运共同体是我们在安全生产上实现进步的重要机制和基本保证，为了实现安全生产更为重大的进步，我们必须要高度重视、切实加强供应链建设。我们要倾力打造的供应链必须是敏捷、简约、稳定和高效的：首先供应链必须是敏捷的，要能对生产建设过程的各种需求高度适应、快速响应；其次供应链必须是简约的，简约是敏捷的基础，也是高效的基础；再次供应链必须是稳定的，只有稳定才有真正意义上的命运共同体和可能达到的高质量可言；最后供应链必须是高效的，敏捷是高效的题中之义，经济则是高效的另一内涵。打造敏捷、简约、稳定和高效的供应链必须从系统改进采购和库存管理、招投标管理、供应商管理等方面着手，重点要防止频繁转换供应商、一味低价中标及采购和采购流程过于繁琐、冗长。

构建"金字塔"式的文件系统

仔细地想一想，人类文明进步的历史，从一个侧面来看，是一部人类文明从口口相传到书面化，或者说文件化的历史。可以一点都不夸张地说，人类文件化水平在很大的程度上代表着也决定着人类文明的水平，推动着人类文明的发展和进步。这对我们的启示在于：围绕推进企业和企业安全生产的先进性建设，我们必须下大决心、花大力气去加速构建具有先进性的企业和企业安全生产文件系统，并将我们全部的精神与思想、经验与教训、知识与智慧、追求与做法积淀和注入其中，并使其保持与时俱进。如何打造出这一先进的文件系统？这是企业和企业安全生产治理现代化必须要去面对和解决的重大课题。我国古代伟大的思想家、哲学家老子在《道德经》中有一些名言，为我们思考和解决这一课题提供了世界观和方法论上的哲学指导。他说："天下万物生于有，有生于无"，"道生一，一生二，二生三，三生万物"。这对我们的重要启示在于：我们所要致力于打造的具有先进性的文件系统，从形式上看，可以是、应该是、必须是"金字塔"式的结构，从上到下可以分为五层。

第一层：这是最高层次的文件，将作为企业的"宪法"、行动纲领和指南发挥作用。

第二层：这一层次是体系文件，涵盖了有形领域和无形领域、硬实力建设和软实力建设，将作为打通各个层次文件的纵、横联系的枢纽发挥作用。

第三层：是涵盖了各个领域、方面、环节的具体制度文件，主要是工作、管理与技术三大标准，将作为对最高层次文件的展开、落地，发挥保证作用。

第四层：是各种策划形成的作业指导性文件，如工作任务书、施工组织设计、技术方案、作业文件包、工作票与操作票等，将起到为工作人员提供指导、让制度落地生根的作用。

第五层：是各种台账、记录、总结等记录性文件，将起到见证、跟踪和反馈的作用。

有了上述五层文件结构形式上的先进性之后，再不断地丰富、完善各层文件，将内容的先进性注入其中，我们终将能够打造出从内容到形式都很完美的文件系统，从而为企业和企业安全生产治理现代化奠定重要的基础。

让设备更可靠

我们必须要清醒地看到，提高设备的可靠性始终是我们在生产安全上，包括企业生存安全上，要去追求和实现的一个重大目标，要去夯实和加强的一个重要基础，要去探索和开辟的一条必由之路，要去全力加强和建设的一种核心能力。企业安全生产的一个重大方面，就是要把安全生产工作聚焦于提高设备的可靠性上面，既要着力当前，以时不我待的急迫感，只争朝夕，加快治理和消除重大设备隐患，又要从长计议，以锲而不舍的韧性，标本兼治，以治本为主，系统地推动设备的治理，提高设备的可靠性，坚决打牢设备本质安全和长治久安的基础。

提高设备的可靠性，没有捷径，我们只有老老实实、扎扎实实、切切实实地按照全员、全面、全过程的要求，做好每一项我们应该做的工作，落实每一项我们应该落实的措施，修好每一项我们应该修好的课程。方方面面的工作，包括设备管理、运行、检修、供应链建设、业务外包、技术改造、技术监督、基建等等，我们都要做到位，这些环节少了任何一个都不行。

关键是要贯彻以下一些原则要求，确立和建立起科学并有效运行的全面设备管理体制。

实践"市场导向、全员参与、自主管理、自我承诺、工序服从、系统点检、精益运行、敏捷检修"的设备管理模式。

探索和实施以市场为导向的设备管理策略、机组检修策略、设备消缺策略和技术改造策略。

推行点检定修制、构造"品"字形设备管理体制，实行策划与作业相对分离，强调正确处理好点检、运行、检修之间的关系，坚持工序服从原则，充分调动各方面的积极性，齐心协力搞好企业的设备管理。

建立重大设备缺陷跟踪分析和滚动消缺制度，加强对重大设备缺陷的控制。

依靠科技进步，通过技术改造，不断提高设备的技术水平，自动化、信息化、数字化水平，节能降耗水平，环境保护水平和劳动保护水平。

健全技术监督体系，不断完善技术监督制度和技术监督、技术诊断手段，并将技术监督工作与点检定修管理体制，与安全质量管理、可靠性管理、运行和检修管理有机结合，实现对设备的全员和全过程的监督，建立起防微杜渐、有效预防重大设备事故发生的机制。

实施可靠性目标管理。确立一个富于挑战性的可靠性管理目标，以此来激励和协调企业各个部门和全体员工的行动，并围绕这一目标来计划、部署和展开企业的设备管理、运行与检修工作等。

落实生产工作"三个到位"

设备管理工作要到位、运行工作要到位、检修维护工作要到位，生产工作讲来讲去就这三条线。这三条线要相互协同、扶持，同时又各有分工，各有侧重，形成"品"字形管理格局：主体是设备管理，要做到系统点检；运行要做到精益运行；检修要做到敏捷检修。做好了这三点，才能打造出高品质的安全生产体系。

以"三铁"反"三违"

违章是安全生产的大敌和顽敌，从根本上杜绝一切形式的违章，是企业安全生产工作的重中之重，同时也是难点之所在。真正要做到零违章是一件很不容易的事情。我们必须毫不动摇，持之以恒，加大力度，深化和抓好反违章工作，继续以"三铁"反"三违"（这个"三铁"，就是铁的意志、铁的纪律和铁的手段；这个"三违"就是违章指挥、违章作业和违反劳动纪律）。嫌麻烦、图省事、存侥幸、冒风险是违章杜而不绝的主要心理基础，要通过综合采取教育的、制度的、惩戒的措施，坚决铲除滋生"三违"问题的各种温床。需要特别强调，在任何时候都要扎牢制度的笼子，我们的制度要严丝合缝，并不折不扣地执行好，我们绝不要在这个环节上，一再去犯同样的、低级的、简单的、常识性的、一点都不应该犯的错误。其中，两票三制是我们的看家本领，在任何时候、任何情况下，我们都必须要严守、死守、不离、不弃。

违章事故杜而不绝的现实，不断用重锤敲响警钟，警示我们，反违章工作依然任重道远、依然具有紧迫性、依然要作为反事故斗争的重点和难点，一刻都不要放松、一点都不要懈怠。我们要清醒地看到，在反违章上，我们并没有一招就灵、一劳永逸的捷径，我们只能把对员工最温馨的爱和最严肃的爱高度结合起来，以最大的决心、最持久的耐心，通过综合采取教育、制度、监督、奖罚的措施，去建立起持续改进、日臻完善的常态化的工作机制，持之以恒、永不疲倦地把这项安全生产重大工作抓下去。此外，在组织安全生产过程中，我们还要对违章提高警惕、常备不懈，从本质安全的要求出发，通过采取充分严密的组织和技术措施，防止发生人员违章导致事故或扩大事故的情况。

归根结底，概而言之，在反违章上，我们要从以人为本出发，坚持不懈做好两件事：一是要千方百计地提高人的可靠性；二是要千方百计地管控人的不可靠性。

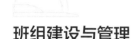

班组建设与管理

（一）

班组是企业的细胞、活力的源泉，是企业肌体健康的基础；班组是企业的神经末梢，它是反应最早、最快也是最直接的；班组是企业安全生产指令的最终执行者，它既是安全生产的第一道防线，也是安全生产的最后一道防线。班组管理是第一层次的管理，直接关系员工的身心健康、工作生活质量、尊严和自我实现；班组管理从本质上是一项造钟而不是报时的工作。

班组长工作是一项困难而富有挑战性的工作。主要体现在：工作责任大，但权力小；管理幅度宽、关系多；管理内涵丰富、要求高；班组长既要做管理者，又要做能工巧匠；班组长是兵头将尾，工作没有退路，并且立竿见影。麻雀虽小、五脏齐全，从本质上讲，管理一个班组与管理一个企业是一样的。

加强班组建设与管理，需要从以下方面着手。

要确立班组的核心理念和价值观；

要树立远大的抱负和目标，超越完成本职工作，追求工作和利益以外的东西，把班组建成员工精神之家园、成长之摇篮和发展之平台；

要有明确清晰、正确而稳定的工作思路；

要形成有自身特色的班组文化与风格；

要努力铸造学习型班组；

要开展透明与民主管理；

要营造公平与正义的氛围；

要培育永不满足的精神与机制，保持核心，不断变革与创新；

要追求持续的协调一致，克服短期行为；

要培养严于律己、以身作则、勤于学习、业务精通、管理有方的班组长。

（二）

班组蕴含着企业生命体的所有生命密码，企业先不先进、优不优秀、卓不卓越，在很大的程度上就看班组先不先进、优不优秀、卓不卓越，企业安全生产也是这样，鉴于此，我们必须把班组安全生产工作放到基础地位和关键环节，切实予以加强。班组安全生产工作内涵十分丰富，重点要求是：

——不断强化全员居安思危的忧患意识；

——明确而清晰的工作任务，对自己的工作职责、工作范围、工作场所和工作要求一清二楚；

——对作业的安全风险、作业的环境十分清楚，对需要特殊控制的关键风险点及其控制要求了然于胸；

——严密的没有任何漏洞的工作组织和技术措施；

——高度的安全自律和自觉，职业化的素养和行为习惯，使严格执行技术方案、安规和两票三制成为一种自觉、习惯、潜意识和条件反射，成为一种文化；

——娴熟运用科学管理常用工具，如 PDCA、5W1H、7S、QC 等。

改进和加强班组安全管理可以重点借助于 PDCA、5W1H、7S、

QC 等科学管理工具的推广运用，并要着重从精约、精准、精益三个方面狠下功夫。精约——对班组安全生产的全部动作进行检视，剔除一切冗余动作，只保留下最少的但足够的有效动作；精准——对保留下来的最少的但足够的有效动作进行系统化、流程化、规范化、标准化、文件化、刚性化；精益——对前述精约和精准过程进行循环反复，使之螺旋上升、持续改进。

研究新情况、解决新问题

（一）

凡事预则立，不预则废，我们经常地、自觉地、主动地去对安全生产面临的新情况、新问题进行分析，这对于改进和加强我们的安全生产工作是很重要的，是基础性的，也是非常有效的，对于提高我们反事故斗争的主动性和预见性肯定是必要的。

安全生产的工作有三种境界：一种境界是不知不觉；一种境界是后知后觉；还有一种境界是先知先觉。我们要把安全生产工作做好，就要务求达到先知先觉的境界，而千万不要不知不觉，只有这样才能提高我们安全生产的主动性和预见性，这也要求我们实行和突出例外管理，不断地去研究新情况，解决新问题。

（二）

我们经常讲搞好安全生产要从实际出发，新情况、新问题就是最新、最重要的实际，从实际出发就要从这个最新、最重要的实际出发。现在，企业安全生产上比较普遍地存在的问题是：一方面，我们面临的新情况、新问题很多、很集中、很复杂；另一方面，我们对新情况、新问题的敏锐性又很不够，缺乏主动的、系统的、深入的认识和应对，不仅先知先觉谈不上，有的连后知后觉都谈不上，有的甚至到了不知不觉的地步，导致安全生产要从实际出发这个重大原则要求在新情况、新问题这个最新、最重要的实际上没有落到实处。我们在安全生产上，这一方面的教训很多，必须要引起我们的深刻反思，而且我们也务必要在这一方面有一些切实的、根本性的改进。研究新情况、解决新问题绝不能仅仅停留在口头上，而是要像抽丝剥茧、层层剥笋一样，把它梳理清、研究透、应对好。

四　做法篇

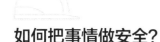

如何把事情做安全？

安全生产工作必须最终落实到把事情做安全上。

如何把一件事做安全？这就要求我们，对工作任务的定义要准确无误；对工作场景的风险要了然于胸；对工作组织的策划要严丝合缝；对工作人员的交底要透彻到位；对工作方案的执行要不折不扣；对工作过程的控制要不留死角；对工作现场的管理要秩序井然；对工作质量的要求要近乎苛刻。必须要强调，在将一件事做安全的过程中，有一项很核心的工作与机制——风险预控和隐患排治相结合的事故预防工作与机制，必须要得到不打任何折扣的落实或确立。

如何把每一件事做安全？就是要毫无例外地把事一件一件做安全，其中，只有必然而没有偶然，只有永远而没有短暂，只有整体而没有局部，只有无限而没有有限，只有无条件而没有有条件。这其实是一件很难很难的事，需要我们意志的绝对坚定、思想的绝对重视、责任的绝对落实、制度的绝对健全、组织的绝对严密、措施的绝对完善、执行的绝对到位、步调的绝对一致、人员素质和工作质量的绝对保证。但安全生产就是一件需要知难而进、迎难而上，变不可能为可能、在无望中生长出希望、在没路的地方去开辟出路来的难事，这也是安全生产的灵魂、魅力及意义之所在，也是我们被深深地打动、吸引和驱使的原因之所在。

如何防止人身伤亡事故？

毫无疑问，防止人身伤亡事故历来是我们反事故斗争的重点、难点和主旋律。从人身事故发生的情况来看，我们要吸取的主要经验教训应包括但不限于以下四点。

1. 组织措施和个体措施要双到位。组织措施到位，特别是双重预防工作的到位，可以防止绝大部分人身伤亡事故，尤其是群伤群亡事故的发生。但要完全杜绝人身伤亡事故的发生，还有赖于个体措施，尤其是"四不伤害"措施的到位，有赖于个体必要安全意识、素养的建立和自我保护责任、义务的落实。需要强调的是，个体措施的到位也在很大程度上取决于组织的意志和努力，因此，组织的措施处于决定性的地位。还要强调的是，作为一项重大的组织措施，一定要加强对危大作业点的识别，并要对其实行停工待检、进行安全确认。

2. 赢在策划和决胜现场要双聚焦。既要严密我们的策划，确保在工作规划设计、方案制订、决策部署的环节严丝合缝、没有任何漏洞；更要把我们的工作重心下沉到现场，让没有漏洞的策划在现场得到没有漏洞的执行。尤其要强调的是，领导对现场作业面及其安全风险与控制要求要了然于胸，对危大作业点要亲自关心过问，对需要亲自到现场确认的必须要亲自到现场确认。

3. 例行管控和例外管控要双落实。对于绝大多数的例行事项实行高质量的标准化的管控，并持续改进；对少数的例外事项实行个性化定制的例外管控，并适时把此类事项转化为例行事项。需要强调的是，相对而言，例外事项更要引起我们的重视，更要作为重点纳入领导的视野、议程。从例外管控的要求出发，要尤其重视对临时事项、临时用工、零星工程的管控，谨防小河里翻船！

4. 以我为主和借助外力要双结合。一方面，要切实提高对关键资源、关键能力、关键环节的自主掌控，从而把安全生产的主动权牢牢地掌握在自己的手里；另一方面，要善于借力借智、无边界地整合外部资源为我所用，着力打造高质量的供应链和命运共同体。外包工程是人身事故多发领域，为此，我们强调要切实加强对外包工程的同质化管理，这种同质化管理起码包含了与外包工程和外包单位实际情况相符的、为保证安全所必不可少的管理措施、活动、过程和环节。更高的要求是，实行命运共同体管理，与外包单位形成志相投、心相通、性相容、习相近、长相依的命运共同体。

安全生产十大要领

——工作定义清晰是首要；

——有效组织到位是保证；

——方案制订科学是前提；

——事前交底充分是命脉；

——双重预防落实是先手；

——应急处置果断是后手；

——开工条件确认是必须；

——危大作业管控是重点；

——过程异动管理是关口；

——现场秩序井然是基础。

安全生产"三"字经

杜绝三类事故:人身事故,重大影响事故,恶性误操作事故;

强化三种意识:忧患意识,责任意识,质量意识;

弘扬三种精神:敬业精神,团队精神,钉子精神;

培育三种作风:严格的作风,细致的作风,求实的作风;

落实三项制度:安全生产责任制,工作票和操作票制度,交接班、巡回检查和设备定期切换试验制度;

铁面无私反"三违":反违章作业,反违章指挥,反违反劳动纪律;

提高三种能力:见微知著和防微杜渐能力,处变不惊和化险为夷能力,亡羊补牢能力;

抓好三项管理:风险和环境管理,"五化"(系统化、文件化、标准化、精细化、信息化)管理,安全文化管理;

借助三种体制:全员设备管理体制,项目管理制,战略联盟(命运共同体)体制;

健全三种机制:激励机制,协同机制,应急机制;

重视"三外"管理:外围系统管理,外包工程管理,外来人员管理;

严格三个结合面管理:人、机结合面管理,基建、生产结合面管理,分工结合面管理;

尽快掌握"三新":新人员,新设备,新技术。

安全生产需要强调的四个方面

根据企业安全生产的实际，需要强调以下四个方面。

1. 以人为本。人是生产力中最活跃、最有活力、最有积极性和创造性的因素，又是生产力中最具有不确定性、最易受到伤害、最需优先得到保护的因素。人既是安全工作的主体，又是安全工作的客体。安全工作在任何时候都必须把人放在首位，否则，我们会犯严重的、不可挽回的错误。从安全工作中反映出的问题看，坚持以人为本，要强调以下几点。

既要重视人的技术素质，也要重视人的思想政治素质；

既要重视人的行为习惯，并且努力养成良好的行为习惯，也要重视人的精神状态，关注人的思想、情绪的变化；

既要重视个体的人，也要重视组织，重视团队和团队中的人；

既要重视企业内部的人，也要重视企业外部的人；

既要重视人的身体的安全和健康，也要重视人的精神的需求和身心的健康；

既要充分发挥人的积极的一面，又要妥善抑制人的消极的一面；

既要关心人的工作，又要关心人的学习、生活和发展。

2. 本质安全。人具有不确定性，人会犯错误，人总有打盹的时候；人也最易受到伤害（最脆弱）。我们的安全工作，必须建立在这样的假设和共识上，否则，我们也会犯错误。这就给我们提出了本质安全化的问题。

我们要在坚持不懈地做好提高人的可靠性一面的工作的同时，更加重视做好管控人的不可靠性，从以下几个方面做出更大的努力：

创造安全的工作环境；

采取有效的防护措施；

采用正确的工作程序、组织方式；

使用合适的工器具；

提高设备的可靠性、安全性；

消除存在或潜在的事故隐患和不安全因素；

确保工作依据的可靠。

3. **有效组织**。从我们发生的事情来看，我们必须要十分强调工作的有效组织，强调要关注并消除工作组织中的风险。这种风险只要我们重视，只要我们努力，应当可以完全地加以排除，也应当通过我们的重视和努力完全地加以排除。否则，我们犯的将是一种不可饶恕、难以交代的错误。

最重要的是我们要用心、用脑、用爱做好每件事。为了实现对安全生产的有效组织，要特别强化系统思维、问题导向、赢在策划、顶层设计、双重预防、工序服从、例外管理这些特别重要的事项和环节。

4. **科学管理**。我们必须把我们的安全生产牢固地建立在科学管理的基础上，不然，仅凭经验、热情、想象、习惯，想当然地去做事，我们的安全工作终究摆脱不了盲目和犯错误的悲剧。为了切实提高在安全生产方面的科学管理水平，从我们存在和反映的问题来看，我们要十分重视做好以下几个方面的管理：细节管理；渐变管理；寿命管理；风险管理；真相管理；过程管理。

安全生产十二个"一"

——增强一种意识：安全生产忧患意识；

——确立一种信念：一切事故都可以预防的信念；

——树立一种观念：安全生产法治化观念；

——落实一种制度：安全生产责任制；

——健全一种体系：安全生产治理体系；

——强化一种能力：安全生产核心能力；

——完善一种机制：安全生产双重预防机制；

——坚持一种方法："两手抓、两手都要硬"的方法；

——消除一种死角：安全生产思想、管理和工作上的死角；

——消灭一种现象：安全生产最后一公里现象；

——营造一种氛围：人人事事时时处处讲安全、保安全的氛围；

——守牢一条底线：坚决杜绝重大恶性事故发生的底线。

安全生产诗歌一首

坚定不移"零目标"，同舟共济保"三保"，
迎难而上降"非停"，众志成城创"一流"。
不厌其烦讲安全，铁面无私反"三违"，
防微杜渐抓监督，预防为主化风险。
系统思考最要紧，运筹帷幄更关键，
群众路线是根本，执行落实见真功。
人人勤耕责任田，时时勿忘忧患事，
事事必念安全经，春华秋实终成真。

安全生产"四个治理"

搞好社会治理需要坚持"四个治理",借鉴到企业安全生产上来同样适用,企业安全生产同样要坚持"四个治理"。

一是要**系统治理**。这是安全生产的灵魂。安全生产是系统工程,决定了安全生产治理只能是、必须是系统治理,必须要实行全员、全面、全过程、全时空、全方位、全寿命、全天候的管理。

二是要**依法治理**。这是安全生产的根本。安全生产是法定工作,依法治安是题中之义,是底线要求,企业在安全生产上知法、懂法、遵法、守法是一种责任,也是一种权利和义务。

三是要**综合治理**。这是安全生产的基础,企业要在依法治安的基础上,从系统治理出发,超越其上,综合采取包括教育、投入、制度、管理、技术、文化等多方面措施,形成多管齐下、多方发力和多向协同的格局。

四是要**源头治理**。这是安全生产的关键。既要注重从源头上保证人、机、物、料、法、环等要素的输入质量和结合质量,又要注重从源头上发现和解决问题,追求问题的根本解,还要从源头上防范和化解隐患和风险,防患于未然。

两手抓、两手都要硬

"两手抓、两手都要硬"思想的哲学基础是马克思主义对立统一和矛盾的同一性规律。"两手抓、两手都要硬"思想是中国革命与建设不断从胜利走向胜利的重要法宝，这一法宝也同样可以用来指导企业安全生产，并在其中大放异彩。

为了抓好企业安全生产工作，从"两手抓、两手都要硬"的思想出发：

我们既要围绕安全抓安全，比如，抓好安全责任制的建立和落实、安全教育、安全检查、两票三制、双重预防、应急救援等，又要超越安全抓安全，比如，抓好企业管理、党建和企业文化建设等。就安全抓安全是我们安全生产工作的重点、基础，但是我们不能光就事论事，还要超越安全抓安全，如果超越安全抓安全没抓好，围绕安全抓安全就很难落到实处。

我们既要人本管理，又要科学管理，要把以人为本、科学管理结合起来，让人本管理放射出科学的光芒，让科学管理闪烁着人性的光辉。

我们既要赢在策划，又要赢在执行，把最严密的策划和最严格的执行最紧密地结合起来，坚决打牢安全生产这一最重要的组织基础。在策划和执行上面要树立"二八"理念，80%的命运是由策划环节决定的，20%体现在执行环节的效果上，我们在策划环节必须要严、细、实，在执行环节上也必须做到严、细、实，只有这样才能堵塞一切漏洞。

我们既要抓源头控制，又要抓过程控制，要从源头上保证要素输入的受控，并要保证各种要素的变化和结合状态受控。把生产过程比作一个系统，它是有输入要素的，有管理文件输入、人员输入、外包单位输入、物资材料的输入、规章制度的输入等等，人、机、物、料、法、环都是一种输入，生产过程输入的环节不能出问题。同时，输入的要素及其结合状态每时每刻都在变化，这就要做好过程控制。

我们既要落实风险预控，又要落实隐患排治，切实从理论到实践上都建立起能够斩断一切事故发生的链条的双重预防机制，属于这一范畴的要求还有很多，总之，我们要"两手抓、两手都要硬"，要鱼和熊掌兼得。

牢牢把握安全生产重点要求

（一）

安全生产上有一些重点要求，虽然我们在多种场合反复强调，大家也都耳熟能详，但是鉴于其对搞好安全生产的极端重要性，我们还是要经常地讲、不厌其烦地讲。这些重点要求概括起来就是：

——志存高远，不遗余力地去追求和实现本质安全的境界与目标；

——以人为本，千方百计提高人的可靠性、管控人的不可靠性；

——底线思维，坚决守牢杜绝发生重大恶性事故的底线；

——预防为主，牢固确立风险预控和隐患排治相结合的双重预防工作机制；

——问题导向，充分暴露问题，对问题零容忍并立即响应，追求问题的根本解，并从解决问题中学习；

——固本强基，持续加强"三基"（基层、基本、基础）建设；

——命运与共，着力打造敏捷、简约、稳定、高效、和谐的供应链；

——克难攻坚，重拳治理安全生产疑难顽症；

——重兵布阵，倾力提高设备和网络安全可靠性；

——时不我待，加紧消除重大设备和安全隐患；

——先知先觉，积极研究新情况、解决新问题，不断提高安全生产工作的主动性和预见性；

——注重质量，切实抓好安全生产例行工作。

（二）

换一种说法，围绕搞好安全生产，我们强调要：

——持续地通过教育培训、制度建设、管理提升、科技进步、文化引领等，不断提高安全生产全要素和大系统的品质，坚决守牢安全生产的命根子。

——凡事遵循 PDCA、5W1H、7S 原则，凡事"追求整体上无可挑剔的和谐、创造细节上不由自主的感动"，对一切的事项都精心策划、有效组织，努力实现各种要素和资源在具体事项上结合的最优动态。

——尽可能地提高做事的标准化程度，对一切标准化的事项实行高质量的例行管控，对一切非标准化的事项实行例外管控、进入特殊管控程序。

——把双重预防嵌入一切事项之中，对危大作业的关键点（H点）实行停工待检、进行安全确认，从根本上斩断一切事故的链条，建立起前馈与反馈、问题发现与问题出发相结合的有效预防事故发生的双重阻断机制。

——确保所有事项都在高质量的，经理解无误的书面化的文件的指导下进行，并形成必要的、可供反馈和见证所用的、真实无误的书面记录文件。

（三）

又换一种说法，围绕搞好安全生产，我们强调要：

——培养安全生产潜意识。潜意识的层次比显意识更深、更高。显意识是必然王国，潜意识是自由王国。从显意识到潜意识是一种质的升华和飞跃。一定要让安全生产成为我们灵魂深处的自觉，成为与生俱来的本能、不假思索的选择、自然而然的冲动、条件反射般的行为习惯。

——树立安全生产系统观。要深刻认识安全生产的全面性、全员性、全过程性，牢固确立安全生产的系统观，坚持用整体的而不是局部的、辩证的而不是机械的、联系的而不是孤立的、动态的而不是静止的、发展的而不是停滞的观点和方法来指导安全生产的一切工作，不断提高对安全生产一眼洞穿、一目了然、一叶知秋的本领，准确地把握其灵魂、洞见其本质、切中其要害。

——把握安全生产主动权。要在不断提高责任感、事业心、工作能力，切实解决想干、肯干和能干问题的基础上，通过不断保持和提高对安全生产可能遇到的新情况、新问题、新挑战的敏锐性，不断增强安全生产工作的预见性、主动性和创造性，坚决做到安全生产始终可控和在控，牢牢把握安全生产主动权。

——追求安全生产先进性。要不断提高安全生产本质化、科学化、艺术化、法治化水平。本质化解决必然为"0"的问题，科学化解决"1+1=2"的问题，艺术化解决"1+1>2"的问题，而法治化则解决"0还是1"的问题。安全生产先进性建设，从一个角度来说，就是一个不断提高本质化、科学化、艺术化和法治化水平的问题，这应当成为我们一以贯之的重大追求。

（四）

再换一种说法，围绕搞好安全生产，我们强调需要注意以下几点。

——**坚定安全生产必胜的信念**。安全生产的历史和实践反复地告诉我们一个道理，除了不可抗力的因素以外，安全生产的一切事故都可以预防，一切风险都可以预控，本质安全、必然安全的目标完全可以实现。安全生产的命运完全地掌握在我们自己的手里。前提是我们要用心而且要一直用心，要用力而且要一直用力；前提是我们要做对而且一直要做对，我们要做到而且一直要做到。

——**树立安全生产的远大目标**。安全生产的历史和实践反复地告诉我们的另外一个道理是：我们在安全生产上越是志存高远，我们就越能行稳致远。在安全生产上，我们绝不要甘于落后，绝不要甘于平庸，甚至也绝不要满足于一般的先进，我们的目标必须要瞄准最好、追求卓越、走到最前列。在安全生产上，我们目标的高度和我们进步的速度、程度具有完全的正相关关系，为此，我们宁可去选择高不可攀，也绝不要去选择唾手可得。

——**消除安全生产上的死角**。安全生产事故往往在我们不经意的时候悄然而至。这种不经意意味着安全风险和隐患事实上已经存在而我们却全然不知、毫无察觉，这就是安全生产上的死角。它是我们安全生产一切风险中最大的风险，是一切隐患中最严重的隐患、一切事故根源中最主要的事故根源。我们要搞好安全生产，就必须要穷尽一切可能地去消除安全生产上的各种死角。安全生产上的死角既存在于做到的环节，也存在于想到的环节，但最常见、最大和最危险的死角则是没有想到。为此，我们一定要十分重视消除思想上的死角，要通过穷尽一切可能地去想、系统化地去思考，去消除各种没有想到和意料之外的问题。

——提高全员保主设备的意识。主设备的完好是我们生产安全的基础，也是我们生存安全的基础，这一基础不牢将会地动山摇，我们必须要尽最大努力去把它守望好、打结实。为此，我们全员保主设备的意识要再提高、再强化，在此基础上，全员保主设备的能力要再增强、责任要再到位、措施要再落实。对于主设备的问题症状，一定要防微杜渐，及时会诊，及时作出分析、判断和处置；对于主设备可能存在的问题，一时吃不准时，要宁可信其有、不可信其无，切忌心存侥幸；对于需要紧急停机处理的问题，要当断则断，而千万不要贻误时机。

对问题零容忍

破窗理论对于我们安全生产工作最重要的启示在于，对于安全生产上存在的一切问题，哪怕是最细小、最微不足道的问题也要实行零容忍，毫不留情，坚决说不。

——安全生产上，我们强调要确立零目标，包括零事故、零障碍、零异常、零缺陷、零故障、零差错、零库存等等，对于一切偏离零目标的状态我们要坚决零容忍；

——安全生产上，我们强调要遵纪守法合规，严格执行国家法律、企业规章制度和各种规矩，对于与此相背离的一切人和事，我们要坚决零容忍；

——安全生产上，我们强调对问题要立即响应，并要追求问题的根本解，对于解决问题慢慢来的态度、满足于症状解的情况，我们要坚决零容忍；

——安全生产上，我们强调要居安思危、永远在路上，对于思想上的丝毫放松和行动上的稍有松懈，我们都要坚决零容忍；

——安全生产上，我们强调要志存高远、追求卓越，对于妨碍我们走向本质安全、走向卓尔不凡、走向长治久安的一切人和事，我们要坚决零容忍。

天下大事，必作于细。必须再强调的是，安全生产上对问题零容忍，要突出地体现在即使面对十分细小、毫不起眼的问题也要如临大敌、以小见大、盯住不放。只有这样，在安全生产上实行的零容忍制度才会显示出应有的强大的生命力。

克难攻坚

　　企业安全生产在各个时期总是会有各个时期的工作重点和难点，也会有各个时期员工关注的焦点和热点。实施克难攻坚，集中我们的意志、智慧、精力、资源和时间，各个突破工作的重点和难点，各个消除员工关注的焦点和热点，将是迅速消除企业安全生产瓶颈制约、促进企业安全生产重大进步的需要，也将是有效培育团队精神、协同攻关能力、促进企业学习和企业全面进步的需要，应当作为我们安全生产的一项重大原则和重要工作方法来认识和对待。

　　如何推进企业安全生产的克难攻坚工程？

　　一要问题导向，把安全生产问题充分"亮"出来，并形成对安全生产难题的收敛和聚焦。

　　二要全员参与，让全员行动起来，形成全员众志成城面对时艰、克难攻坚的坚定意志和坚定决心。

　　三要组建好克难攻坚的团队，赋予团队采取行动的权利和义务，并为团队提供必要的工作指导和支持。

　　四要贯彻集中和协同原则，确保企业在安全生产克难攻坚上形成资源投入的真正集中和行动步伐的全面协同。

　　五要把追求问题的根本解和通过创新的方式解决问题的意图贯穿于克难攻坚的全过程。

抓落实、补短板、见实效

"抓落实、补短板、见实效"，对于做好所有工作来说都是一项重大而基本的要求，对于搞好安全生产来说更是毫不例外。

——抓落实：搞好安全生产，明确工作目标、思路、措施与要求固然重要且不容易，但相比较来说，更加重要、更不容易的一件事情就是抓落实。"一分部署，九分落实"说的就是这个道理。没有落实，一切愿望、一切设想、一切蓝图、一切部署，都只不过是镜花水月、空中楼阁、一纸空文，毫无意义，毫无价值。所以，在安全生产中，我们既要赢在策划，更要赢在执行，一定要以"踏石留印、抓铁有痕"的气概和精神狠抓工作目标、思路、措施和要求的全面落实，不达目的誓不罢休、不获全胜决不罢休。

——补短板：补短板是"木桶理论"对于我们一切工作方法的重要启示，是坚持问题导向的工作原则的必然要求。今天，我们要把安全生产做好，我们也必须要把这项工作中的各种短板，包括思想认识方面的、思维方式方面的、体制机制方面的、生产设备方面的、规章制度方面的、工作方法方面的、工作作风方面的短板等等，没有遗漏地找出来，一一加以补上。当然，在实际工作中，我们也要区别轻重缓急，要把那些最短的短板和相对更短的短板放到优先级予以补上。

——见实效："成败论英雄"，必须以我们在安全生产上的实际成效作为判别安全生产工作得失、成败的唯一依据。在安全生产上，我们既要着力当前、追求立竿见影的效果，又要着眼长远、追求功在长远的效果；既要追求一种个体的、突出的进步，也要追求一种整体的、均衡的进步；既要追求纵向比较的进步，更要追求横向比较的进步；既要追求安全生产本身的进步，还要超越其上，追求企业的全面进步。

超越繁忙

应该说，企业安全生产工作在某些特定的时期，比如说，企业初创、快速扩张或是企业重大改造和变革时期，整体上呈现出一种忙，甚至是忙得不亦乐乎，可能是有道理的，对这份有道理的忙、理直气壮的忙，我们的企业和员工要敞开双手去热情地拥抱！

但是，如果我们的工作一直处于或者长期处于繁忙甚至是高度繁忙的状态，则要引起我们足够的警惕和反思了，要看看是不是在忙着不该忙的事或是全员没有真正必要地忙起来了，是不是有工作水平和能力方面的问题了，是不是有工作质量不高和效果不彰的问题了。

我们必须始终清醒地看到，超越繁忙在任何时候对企业、对每一个员工来说都是一个重大的命题。必须要看到，一个时期的忙最终是为了不忙，越是繁忙的时候越要考虑超越繁忙、降低繁忙的强度，这是更高质量工作的需要，事业发展的需要，平衡工作和生活的需要，企业安全生产和员工安全、健康成长的需要。必须要看到，我们的企业和企业安全生产必须要也必将要在穿越和超越繁忙中走向光辉的彼岸！

如何超越繁忙？

第一，要有一颗强大的心。心亡则忙！为此，我们必须要使自己拥有一颗谦虚、忠诚、热爱、担当、干净的心，一颗博大、宽容、仁爱、单纯、专注的心。

第二，要有所为，有所不为。选择决定命运。要高度重视选择工作，既要选择做对的事，又要选择以对的方式做事，还要力求在选择上做到与众不同。

第三，要发扬团队精神。众人拾柴火焰高，众人划桨开大船。众志成城，风雨同舟，齐心协力，守望相助，始终是我们有效应对各种挑战，包括工作繁忙的挑战，最重要的精神基础。

第四，要提高核心能力。我们建设和提高核心能力最根本的途径、方法、要领在于这四个字——"与众不同"：认识"与众不同"的自我，发挥"与众不同"的优势，采取"与众不同"的方式，整合"与众不同"的资源，创造"与众不同"的价值，成就"与众不同"的自我。

第五，要善于借智借力。要在强化自身核心能力建设的同时，充分发挥和利用外部资源和力量，把企业的供应链和生态圈打造好，努力培育和形成命运与共的共同体。

把事情做简单

"忙着不该忙的事，只会越来越忙；有效的忙，最终导致不忙。"安全生产上有一件很重要的事，就是要超越繁忙，而超越繁忙的根本之道在于化繁为简，把事情做简单，只有这样，我们才能把安全生产这件不简单的事真正做成不简单。鉴于此，安全生产工作应该遵循几个基本的原则：充分和必要原则、以对的方式做对的事的原则、要事第一原则、工序服从原则、例外管理原则。一定要千方百计把安全生产工作组织得行云流水般的自由和顺畅，使得人人都很自由自在，都乐在其中、享受其中、收获于其中。把安全生产这件不简单的事情做成简单，那才叫真正的不简单。这虽然有点难，但我们一定要朝这个方向去努力，因为只有这样，我们的安全生产才能最终从安全的必然王国走向自由王国。

如何搞好安全监察？

古希腊伟大的哲学家、物理学家阿基米德说过一句耳熟能详的名言："给我一个支点（杠杆），我就能撬动整个地球。"

把我们的安全监察工作与阿基米德撬动地球的工作一比较：

企业安全生产整体工作就是那个被阿基米德撬动的地球；

安全监察机构与人员就是那个阿基米德；

安全监察体系，包括硬件与软件系统就是阿基米德用的那根杠杆；

安全监察机构与人员的使命、职责与工作就是要去撬动企业安全生产整体工作这个地球。

在阿基米德撬动地球的过程与系统中，首先，对这个地球有一个全貌的、本质的认识就显得尤为重要，包括这个地球的大小、形状、构造、成分、质量、牢固程度、需要到达的位置等等；第二，阿基米德自身的态度、素养、能力、水平、修行无疑是处于主动性和决定性的位置；第三，阿基米德用的那根杠杆是否牢固、经久、好用、耐用，特别是把那个支点恰到好处地放到合适的位置，符合杠杆原理，同样需要十分讲究和认真；第四，阿基米德的使命、职责和工作很明确，就是去撬动地球，最终让地球自己转起来，这除了需要用力以外，更需要用心，要巧用力、用巧力，要"四两拨千斤"。

以上这些揭示对于搞好安全监察工作的重要启示在于：

1. 使命必达。 安全监察机构和人员要牢记自己的使命就是要通过自身的工作来撬动企业安全生产整体工作，这是一份崇高的使命，需要并值得我们充分认识、无限热爱、自觉忠诚、乐于献身、甘愿守望、无比专注。

2. 胸怀全局。安全监察机构和人员对企业安全生产整体工作与要求要了然于胸，站位要高远，眼界要开阔，思维要系统，行动要无边界，善于使自身工作与企业整体工作之间形成高度呼应与互动。

3. 自我超越。安全监察机构和人员要加强自身建设，勤于学习、勤于思考、勤于实践、勤于修炼、勤于改变，在不断"认识自我、超越自我、成为自我"的永不自满、永不懈怠的循环反复中实现自我和"杠杆系统"的螺旋上升与进步。

4. 讲求科学。安全监察机构和人员在自身建设和履职过程中，要大力弘扬科学精神，自觉认识规律、尊重规律，用好、用活杠杆原理，坚持实事求是，坚持从实际出发，坚持按原则办事，坚持苦干、实干加巧干。

崇高的使命呼唤并要求着安全监察机构在履职过程中必须坚持"两手抓、两手都要硬"：一手抓安全的监督，企业安全生产第一责任人对本企业的安全生产工作实行纵向到底和横向到边的监督；一手抓安全的管理，切实履行起本企业安全生产综合管理的职责或者说归口管理的职责。

崇高的使命呼唤并要求着安全监察人员在履职过程中同时扮演好并平衡好"五个方面的角色"：潜移默化的领导者；言传身教的教导者；足智多谋的参谋者；得心应手的管理者；通情达理的执法者。这"五个方面的角色"构成了企业安监人员"五角星"工作模型，缺其中一个角都不会完美，都会有遗憾，都会影响其闪闪发光。

崇高的使命呼唤并要求着安全监察机构和人员为了更好地履职必须去培养发展自己的核心能力——培养和发展比别人更敏锐地看见问

题、更深刻地看透问题、更全面地看待问题、更用心地看牢问题和更专业地解决问题的能力。这是一种与众不同的问题导向的工作能力，它必须要来源于不断的学习、思考和实践，尤其是必须要首先来源于一颗忠于和热爱安全监察工作的心！

5W1H 质量改进步骤

5W1H	内容	质问
What （什么）	1. 去除不必要的部分和动作	1. 做什么?
	2. 改善对象是什么	2. 是否无其他的可能?
	3. 改善的目的是什么	3. 应该必须做些什么?
Where （何处）	1. 改变场所或改变场所的组合	1. 在何处做?
		2. 为什么在那地方做?
	2. 作业或作业者的方向是否在正确的状态	3. 是否在别的地方来做能变得更有效率?
		4. 应该必须在何处做?
When （何时）	1. 改变时间、顺序	1. 何时来做?
		2. 为什么在那时候来做?
	2. 改变作业发生的时刻、时期或时间	3. 是否在别的时间做更有利?
		4. 应该必须在何时做?
Who （谁）	1. 人的组合或工作的分担	1. 是谁在做?
		2. 为什么是他（她）做?
	2. 作业者之间或作业者与机器、工具间的关系	3. 是否别的人做更有利?
		4. 应该必须何种人做?

5W1H	内容	质问
How （如何）	1. 使方法、手段更简单	1. 情形到底是如何？
		2. 为什么要如此做？
	2. 改变作业方法或步骤，使所需劳力更少，熟练度较低，使用费用更便宜的方法	3. 是否没有其他可代替的方法？
		4. 到底什么做法是最好的方法？
Why （为何）	1. 将所有的事情先怀疑一次，再作深入的追究	1. 为何要如此做？
		2. 为何要使用目前的机器来做这种工作？
	2. 把上面的 5 个质问（what/where/when/who/how）均用 why 来检讨，并找出最好的改善方案	3. 为什么要照目前的步骤来进行？
		4. 为什么要如此做？

安全生产最讲"认真"

安全生产走对路固然重要，但更重要、更具挑战性、更具有决定性意义的恐怕是要在对的路上一直走下去，一刻也不停歇，这就尤其需要强大的动力、高昂的激情、必胜的信念、坚韧的意志、过人的定力和非凡的智慧，一句话，需要"认真"二字。毛主席曾说："世界上怕就怕'认真'二字，共产党就最讲认真。"这句话用到安全生产上也是千真万确："世界上怕就怕'认真'二字，安全生产要最讲认真。"从"认真"二字出发，在安全生产上，工作上做到依法依规、合情合理、实事求是、"严细实恒"是一些基本要求，更高的要求是确保工作的到位、质量和效果，这里的工作不是一些人、一些环节、一些方面的工作，而是指全员、全过程、全方位的工作。当前，在安全生产上，我们要着力破解的最为重大的一个问题就是最后一公里的问题，从"认真"二字出发，这一问题的解决要求我们务必地、千方百计地提高我们思想和行动的质量，确保总是去做对的事并把对的事真正做好，既要坚决防止迷失方向、走错了路的问题，也要尤其防止出现在对的路上浅尝辄止、半途而废等问题。

五　升华篇

更加广义的安全

讲到企业的安全问题，我们比较容易联想到企业的生产安全，也比较容易联想到企业的经营安全和廉政安全。其实，更为广义也更具本质意义的安全是企业的生存安全，它既包括上述这些方面的安全，但又不限于此，它的内涵更加广泛，包括企业的战略安全、政治安全、经济安全和文化安全。这几个安全之间相互联系、相互作用、相互影响，构成不可分割的有机整体，其中，战略安全是灵魂，政治、经济和文化安全是基石。

首先是战略安全。战略上的正确与成功虽然并不必然能够保证企业的事业一定会最终成功，但战略上的失败将是代价最为沉重的失败，必然会导致企业全面的失败，造成没有挽回余地的损失。所以，抓企业的安全，必须要高度重视并确保企业的战略安全，主要是要确保企业的战略定位、战略目标、战略方针、战略措施符合企业的客观实际，符合变化的形势要求，符合时代进步的要求，符合事物发展的客观规律。企业的战略在相当长一段时间内应具有相对稳定性，但同时也要根据变化的环境适时作出必要的审视、反思和调整，以确保其适应性和安全性。

其次是政治安全。政治主题从来就是一个非常严肃的主题，政治安全也一定是一个重于其他一切安全问题的问题。对于一个国有企业来说，政治安全主要包括这样几个方面：在思想上、组织上、行动上和党中央保持绝对一致；保证实现党对国企的政治领导；确保企业的稳定与和谐；确保国有资产的保值、增值和不流失；确保政治环境的安全；确保廉政安全，杜绝违法乱纪行为。

第三是经济安全。企业说到底是一个经济组织，经济安全和经济目标的实现在企业中处于中心地位，其他安全和其他目标的实现都是为了经济安全和经济目标的实现，也必须要服务经济安全和经济目标的实现。对于一个国有企业来说，经济安全至少包括这样几个方面：生产安全，资产、资金和资源安全，经营方向、经营方式和经营环境安全。保证经济安全最根本的一条，就是必须首先要让我们的企业在法律、政策要求的边界内安全运作。

第四是文化安全。文化方面的安全我们讲得最少，其实文化安全很重要，需要解决的问题也不少。为了企业的长治久安，为了企业的可持续发展，为了企业的卓尔不凡、基业长青，我们必须要下大力气去培养和注入能对这些目标的实现提供有效的长期支撑的企业文化，并在此过程中不断地摒弃一些不合时宜的、落后的、腐朽的、背离目标的文化。

各种安全问题的存在，归结起来，无非是以下几个方面的原因：

一是思想问题，就是思想上不够重视的问题。

二是素质问题，就是能不能看到问题、认识问题，并采取有效的行动的问题。

三是组织问题，或者说领导和管理的问题，就是是不是有效地去领导、组织、管理、行动的问题。

四是文化的问题，就是组织成员的行动能否得到有效的组织和管理的问题。

如果企业全员的思想和素质没有问题，组织又是有力的，文化又是支持的，企业安全工作没有抓不好的道理。需要指出的是，在所有的环节上，领导干部的作用都是至关重要的，企业和企业全体人员高效能和高质量的工作，则是必需的和基本的。

需要着重看到、指出和强调的是，在抓企业安全工作中，如果我们能够总是自觉地和擅长地从总体安全观出发，坚持一手抓狭义的生产安全，一手抓广义的生存安全，并且让两手都硬起来、有机结合和相互激发起来，我们必将迎来的是企业安全工作的真正春天——百花齐放春满园，风景这边独好！

安全生产先进性建设

（一）

如果要用一句话来概括我们安全生产上存在的问题，这个问题就是——安全生产的先进性不够；如果要用一句话来概括我们在安全生产上的目标，这个目标就是——实现安全生产的先进性；如果要用一句话来概括我们在安全生产上的主要任务，这个任务就是——全面加强安全生产的先进性建设。毫无疑问，安全生产先进性建设是我们面临的最为重大的永恒课题。

怎样加强安全生产的先进性建设？

一要系统思考。要通过系统思考形成对安全生产工作的洞见和思路，尤其是形成具有先进性的理念和逻辑系统，即形成学习型组织的核心理念之一——心智模式的先进性。

二要全面推进。从理念到组织、制度、人才、设备、技术、管理与文化等各个方面的先进性，以及它们的结合状态的先进性，都要提高、改进、加强，还要与企业的全面先进性建设有机结合、互动互促、协同发展。

三要重点突出。把我们有限的资源持续地聚焦于第一类重要而紧迫的工作和第二类重要但不紧迫的工作，并逐步地把重心转移到第二类重要但不紧迫的工作之上，千方百计地让我们的安全生产工作变得从容不迫和更高质量。

四要先知先觉。要不断研究新情况、解决新问题，努力提高安全生产工作主动性、预见性、针对性和创造性。

五要持续建设。在安全生产先进性建设这条没有终点的路上，不论我们已经做出了多么大的努力、取得了多么大的成绩，我们永远都不要自满和懈怠，永远都不要停止对先进性、对"真、善、美"追求的脚步。我们在安全生产上的一切重大而激动人心的目标，都必将也只能在这种永不疲倦的追求中得以最终和完全的实现！

（二）

说到底，我们抓安全生产就是要解决好安全生产的先进性建设，从不先进到先进，从比较先进到更高程度的先进再到卓越，安全生产就是这么一个过程。怎么样加强企业安全生产的先进性建设？

一、认识要提高

我们不仅要认识安全生产的重要性，而且还要认识安全生产的规律性。没有企业的安全就没有企业的一切，这句话可以充分说明安全生产的重要性。还有一句话，没有企业的卓越，就没有企业安全的卓越，这句话讲的是安全生产的规律性，说明了安全生产工作的必由之路是什么，必由之路就是要老老实实地把企业的全面先进性做好，这样才能保证企业安全生产的先进性，不然我们在安全生产上取得的成绩就是暂时的、有条件的、不可持续的。

二、责任要到人

安全生产人人有责，每个部门、每个人员都要切实负起责任来（每个员工都要负起"四不伤害"的天责），种好自己的责任田。安全生产上没有旁观者，没有局外人，没有任何人可以置身其外。有些部门看上去与安全生产没有直接的影响和关联，实际上都有自己的安全责任。

安委会之所以要求所有部门都要参加，各个部门的主任都是安委会的成员，原因就在于安全生产没有旁观者、局外人，每个部门、人人都要负起自己的责任。每个部门高质量的工作，比如办公室当好参谋助手、宣传部门抓好文化引领，都可以给安全生产增加一份可靠性，必然对安全生产产生积极的影响。

三、目标要明确

安全工作最基本、最重要的目标，就是要坚决守住底线目标，千万不要发生那些造成重大影响的、颠覆性的事情；而更高的目标就是"零"目标，比如零事故、零缺陷、零排放、零差错、零故障等。还必须看到，最根本、最长远的目标是本质安全，没有本质安全，所有取得的所谓的好的成绩都是暂时的，都是不可靠的。

四、工作要落实

要突出反事故斗争的重点，不断研究新情况、解决新问题，努力提高我们安全工作的主动性、预见性、针对性和创造性。要切实改进安全工作的作风，真正做到"严、细、实、恒"。要"纵向到底、横向到边"，坚决消除安全生产的死角和盲区，包括思想、策划、措施、组织、工作、行动上的盲区。要用最先进的理念来武装指导我们的安全生产工作，提高安全生产工作的思想理论水平。我们不能仅仅抓看得见的表面的、肤浅的工作，关键还要看怎么样通过一些核心的做法，直击要害和本质，让工作重点加以落实，达到更深层次。本质安全、以人为本、问题导向、系统思维、顶层设计、有效组织、双重预防、创新驱动、文化引领、现场管理等等，这些都是搞好安全生产的关键，只有它们都能落到实处，我们的重点工作才能落到实处。

五、质量要提高

安全工作与质量工作本质是一个问题，"安全第一"本质上就是要坚持"质量第一"。"安全第一"没有"质量第一"为基础的话，"安全第一"将是不可靠的。抓好安全工作就必须要抓好各个环节的质量，抓好要素的质量，人、机、物、料、法、环等要素的质量有问题就会导致不安全事件发生；还有我们的工作质量，包括提高要素质量和改进要素的工作质量，把要素有机结合起来的工作质量。所以"安全第一、预防为主"真正落实到实处就要落实到"质量第一、预防为主"上去，每个部门、每个人都要改进和提高工作质量，比如组织一个会议就要思考如何保证会议的质量，起草一个文件就要思考如何保证文件的质量，等等。我们一定要把"安全第一、预防为主"提前一个环节，落实到"质量第一、预防为主"上面去。

六、境界要升华

在前进的道路上，企业会不断遇到新情况、新问题，很需要我们充分发挥无穷的想象力和创造力，发挥"敢为人先、不甘落后、自强不息、勇创一流"的精气神，先知先觉、积极主动地去研究新情况、解决新问题、超越新高度。

安全生产永远在路上。在这条没有终点的路上，我们很需要从境界上去实现一些超越：

——从狭义安全走向广义安全；

——从生产安全走向生存安全；

——从或然安全走向必然安全；

——从有限安全走向无限安全；

——从要素安全走向系统安全；

——从结果安全走向过程安全；

——从静态安全走向动态安全；

——从被动安全走向主动安全。

（三）

如何升华我们的安全生产？

安全生产永远在路上。应该说，行走在安全生产这条没有终点的路上，我们的探索和追求已经很多很多，而且回报丰厚，我们的安全生产局面日益稳定，达到了一种比较高的水平。但同时，在当下，我们也看到安全生产工作边际报酬递减的问题愈加凸显，在进一步提高水平的过程中，在百尺竿头再进一步上，我们多少感到了一种力不从心，感觉遇到了一种瓶颈制约和天花板。对于如何升华我们的安全生产以破解这一当下安全生产中带有普遍性的问题，做到以下几点可能是比较重要的。

在安全生产目标方面：从或然性走向必然性。我们经常讲安全生产要努力实现"零目标"——零事故、零伤亡、零非停、零故障、零差错、零缺陷等等。这固然没有错，但要看到，一个时期"零目标"的实现充其量只是一个阶段性和基础性的目标，并且很可能跟我们运气好有关，具有或然性。因此，我们完全不应就此满足和陶醉，而要保持一种高度的清醒和自觉，超越其上，拉高标杆，把我们对安全生产追求的目光深情地投向更加深邃的远方，投向更高境界和更加终极的必然安全，也就是我们经常强调的本质安全、长治久安、基业长青。我们要牢记一个道理，在安全生产上，我们的目标越是远大，我们的前途越是光明，我们的现实越是美好，我们的安全生产之路越是能行稳致远，越能从优秀走向卓越，越将从必然王国走向自由王国。

在安全生产意识方面： 从显意识走向潜意识。意识有显意识和潜意识两个层次。显意识是人们自觉地意识到并受到有目的的控制的意识；潜意识是一种没有被主体明确意识到的意识，是一种主体自身不知不觉的内心的意识活动。这两种意识可以互相转化：潜意识可以通过启发、教育和引导转化为显意识；显意识可以通过强化、反复、积累再转化为潜意识。安全生产意识也有这两个层次，为了搞好安全生产，我们一定要通过采取包括教育的、制度的、管理的、文化的等在内的各种措施，千方百计地去提高全员的安全生产意识，包括显意识和潜意识。而且要充分挖掘和发挥潜意识的自动自发功能和作用，通过不厌其烦、无比耐心的各种努力，不失时机地把显意识更快更多地转化为潜意识，实现意识形态的转型升级，从而进一步让安全生产成为全员的一种自觉、一种本能、一种情不自禁、一种不由自主、一种条件反射。更加准确地说，我们要在从潜意识到显意识、再从显意识到潜意识的循环反复和螺旋上升中，去实现全员安全生产意识的不断强化和进步。

在安全生产思维方面： 从反应式走向反思式。我们经常强调要坚持问题导向，这是安全生产的一条重大原则。但在对待和处理安全生产问题的思维方式上有两种天壤之别的境界：一种是反应式的思维；一种是反思式的思维。反应式的思维往往停留于问题的表面，只见树木不见森林，视问题为负担，就事论事，头痛医头，脚痛医脚，避重就轻，浅尝辄止，满足于问题的症状解和小小的进步。而与此相对，反思式的思维则透过现象看本质，又见树木又见森林，视问题为机会，倡导充分暴露问题，深挖问题背后的问题，对问题立即响应，追求问题的根本解，从解决问题中学习，致力于在解决问题的循环反复中实现安全生产的螺旋上升，在解决重大问题中实现安全生产的重大进步。两种不同的思维方式带来的安全生产前途和命运截然不同，为了实现我们在安全生产上更加迅速而重大的进步，我们的思维方式必须要从反应式思维走向反思式思维，让反思式思维成为我们思维的绝对主旋律。

在安全生产工作方面：从碎片化走向系统化。碎片化的工作往往各行其是、支离破碎、七拼八凑、无的放矢、成效不彰，而一经系统化工作则立刻变得浑然一体、有条不紊、秩序井然、目的明确、成效显然。系统化就是这样一种攻无不克、战无不胜、化腐朽为神奇的力量，为此，我们的安全生产必须要自觉地倚重和借助于这种力量，务必使我们的工作从碎片化走向系统化。系统化的内涵很丰富，要求有很多，体现在安全生产上，最重要的一点，就是要坚持"两手抓，两手硬"：一手围绕安全抓安全，一手超越安全抓安全；一手抓顶层设计，一手抓固本强基；一手抓人本管理，一手抓科学管理；一手抓着眼长远，一手抓着力当前；一手抓赢在策划，一手抓赢在执行；一手抓源头控制，一手抓过程控制；一手抓风险预控，一手抓隐患治理；一手抓事故预防，一手抓应急救援；等等。属于"两手抓，两手硬"范畴的还有很多，总之，在安全生产中，从系统化的要求出发，我们要注重统筹兼顾，并行不悖，相辅相成地推进既相对又统一的两种或两个方面的工作和事情，力求鱼和熊掌兼得，这是安全生产的客观规律之所在。

在安全生产管理方面：从做加法走向做减法。企业管理的理论、方法林林总总、浩如烟海，丛林现象十分突出。安全生产管理也是如此，再加上安全生产的基础性重要地位，安全生产更是成为从政府到企业、机构、学者强调、研究、探索得最多的一个领域，丛林现象更是十分突出。其实，在通往安全生产终极目标的路上，我们无须走遍所有的路，我们也不是只有一条正确的路可以走。为此，安全生产上我们要做好的一件极其重要和重大的事情就是要去做出选择，既要去放弃我们无须走也不应该走或是走不通的路，还要从许多走得通、都正确的路中找出最适合我们走的路，这就要求我们必须学会做减法，善于从纷繁复杂中去伪存真、去繁就简、去粗取精。毋庸置疑，当下安全生产中存在的最普遍、最突出的一个问题，莫过于走过了太多的路，但就是没有把一条路走好、走通、走到位、走到底，而解决这一问题的治本之策也正在于从过去的一味做加法中走出来，义无反顾地去做减法，把我们的宝贵、稀缺的资源集中到真正重要的少数关键路径和事项上去。总之，当下，从理论到实践，我们都有一种从做加法到做减法转变的时不我待的紧迫感。

"追求整体上无可挑剔的和谐，创造细节上不由自主的感动"，这是我们在升华安全生产上应该孜孜以求的一种境界之美，前述五个方面的追求，将有利于达成这种境界之美，助力我们在安全生产上实现新的惊人一跳！

企业先进性建设

（一）

优秀是卓越的大敌；因为止于优秀所以不能卓越。世界上不少优秀的企业都不约而同地陷入了这一相同的怪圈和陷阱，留下了许多英雄黯然谢幕的悲壮故事，我们的企业绝不要去犯同样的错误，绝不要让优秀成为我们继续前进的绊脚石，而要让优秀成为我们继续前行、迈向卓越的驿站和动力。

从优秀到卓越，必须不断超越自我。从优秀走向卓越，固然需要我们眼睛向外，善于向外部、向同行、向竞争对手、向一切先进的组织和事物学习，不断地向外部去寻找标杆、学习标杆、赶超标杆；但最重要的还是需要我们眼睛向内，重视并善于不断地修炼我们自己，提高我们自己，升华我们自己，不断地去提升我们心灵的境界，并且永不疲倦、永无止境、永不停息地去超越我们心中的标杆和心灵的境界。有一句话是千真万确的，真正的竞争对手是自己而不是别人。对个人来说是这样，对企业也是如此。

超越自我，最重要的条件在于认识自我。"认识你自己"，这是古希腊哲学的一个重大命题，也成为人生和组织自我超越的最大难题。在一个企业从优秀走向卓越的过程中，为了不断地超越自我，必须要重视认识自我、勇于认识自我、正确认识自我，既要认识到我们的优秀，也要认识到我们的不足，既要认识我们的企情，也要认识所处的背景，既要认识我们的外部，也要认识我们的内心，既要看到积极的一面，也要看到消极的一面，既要看到硬的一面，也要看到软的一面，既要认清眼前，也要透视长远。

认识自我、超越自我的最终目的在于成为自我。企业切切不可以谁都像，就是不像自己。企业要在不断认识自我的基础上，通过不断超越自我，最终成为自我，成为一个自信、自立、自主、自强和自由的企业，一个独具价值、独领风骚、独树一帜、独一无二的企业。

有理由相信，在不断认识自我、超越自我、成为自我的循环反复和螺旋上升中，我们的企业必定能够实现从优秀到卓越的历史性跨越。

（二）

在企业发展的历史长河中，我们必定也必须要去长期面对、不断思考、持续求解"认识自我、超越自我、成为自我"这三大命题，我们的企业必定也必须要在这一循环反复、螺旋上升的历史过程中一往无前地把企业的先进性建设推向前进。

首先，也是最重要、最基础的一个命题就是认识自我。希腊古城特尔斐的阿波罗神殿上刻着七句名言，其中流布最广、影响最深，以至被认为点燃了希腊文明火花的却只有一句，那就是："人啊，认识你自己。"古希腊著名哲学家苏格拉底一直把"认识你自己"作为自己哲学研究的核心命题。这说明，认识自我从来就是一项十分重要的事，也是一项十分困难的事。可以说，人类发展的全部历史无不源自人类对自我的认识，人类对自我的觉醒。今天，我们在推进企业事业的先进性建设中同样需要这种认识、这种觉醒。

第二个命题是超越自我。认识自我不是目的，认识自我是为了超越自我，而超越自我的前提和基础就是认识自我，这就是两者之间的密切关系。超越自我对于人生来说，就好比一次漫长的旅行，其最美、最曼妙的风景就在于，越过千山万水，克服千难万阻，历尽千辛万苦，阅尽世间无数，遍尝人间冷暖，最后走进了自己心灵的圣地，体验和享受到了那份久违的、终极的与神圣相拥的快乐和喜悦！企业的先进性建设，同样是一场修行，同样需要在认识自我的基础之上，接纳自我、修炼自我、砥砺自我、挑战自我、战胜自我、超越自我。

第三个命题是成为自我。我们认识自我和超越自我都不是最终目的，其相对终极一点的目的是要成为自己，成为那个独立自主的自己、与众不同的自己、个性张扬的自己、自由自在的自己、正气浩然的自己、大气磅礴的自己、奋斗进取的自己。但同时，成为自我又仅仅是人生修行旅程中的一个驿站，是又一轮更大广度、更深程度的认识自我、超越自我之旅的起点和开始。成为自我同样是企业先进性建设中带有终极意义的一种重大追求，但和认识自我、超越自我一样永远都在路上。

认识自我、超越自我和成为自我这三大命题就是这样相互分工、相互联系、相互依存、相互作用，共同完成人生的修行旅程和企业的先进性建设之旅的。电影《流浪地球》中有一句经典台词"无论最终结果将人类历史导向何方，我们决定，选择希望"，人生和企业认识自我、超越自我和成为自我的修行之旅，其实，就是一个不断选择希望的连续谱。

（三）

没有企业的安全生产便没有企业的一切；没有企业的卓越便没有企业安全生产的卓越。企业卓越之路必将是安全生产卓越的必由之路和终极之路。

纵观世界上的卓越企业，尽管其炼成的背景、过程、历史、方式、途径不尽相同，难以完全仿制，但是，彼此之间还是有许多相通之处，正因为如此，世界上的卓越企业都有一些相似的、显著的特点，这些特点我们可以参考和模仿。

1. 有一个好的、欣欣向荣的事业。

2. 有一种强烈的服务社会、造福员工、回报股东和顾客的使命感。

3. 有一个富于想象力和感召力的愿景，这个愿景宏伟、振奋、清晰并且可以实现。

4. 有一个好的思想、理论和组织体系，形成了自己系统的事业理论和经营哲学。

5. 有一套为全体员工所高度认同和忠于的价值观。

6. 有一种浓厚的文化氛围和深厚的文化底蕴。这种文化氛围主要由企业的政策和制度系统，语言、思维和行为方式，英雄人物、故事和仪式，人际关系，工作和生活方式，传播载体和传播机制等方面，通过相互交融而形成；这种文化底蕴是在企业发展的历史长河中，通过缓慢地积淀、蒸发、升华和演变，逐步形成的。

7. 有一个坚强的领导团队，他们行胜于言，身体力行，昂首阔步，行走在企业卓越建设的最前列。

8. 有一支高素质的具有本企业文化气质的员工队伍，他们是企业卓越建设的推动者、实践者和创造者。

在迈向卓越之路上，我们要善于通过向卓越企业学习和借鉴让我们自己变得卓越起来。但需要指出的是，学习和借鉴别人的卓越之路只可以让我们变得卓越起来，但无法让我们最终成就卓越。最终成就我们卓越的惊人一跳终究要靠我们自己来炼成和实现！

（四）

追求卓越是企业的核心价值观，重大的战略目标，重要的行动准则和执着的精神追求，企业人人、时时、事事、处处都要贯彻和维护卓越原则，都要充分考虑是否有利于卓越，是否能够更好地实现卓越。

从追求卓越的要求出发，企业和企业的各个部门，甚至每个员工都要重视和善于去发现自己的标杆、去树立自己的标杆、去追赶自己的标杆、去超越自己的标杆；都要重视和善于去逼近自己的事业极限、去超越自己的事业极限、去发展自己的事业极限。

从追求卓越的要求出发，企业和企业的员工要更加重视关注细节，使细节完美。细节是相对于战略而言的——战略决定企业能否生存，细节决定企业怎样生存；战略是灵魂，细节是魔鬼；战略引领方向，细节制造差别；战略可以相似，细节不可复制。为了企业的卓越，我们必须要充分认识到，是战略和细节共同决定企业的成败，必须时刻牢记，我们必不可以天天谈战略，但我们不能一天不讲细节，必须要在全力追求战略上无可挑剔的和谐的同时，努力追求细节上不由自主的感动。

从追求卓越的要求出发，我们要更加重视关注标准、提高标准。标准既是生产关系也是生产力，同时标准也是双刃剑，既能促进生产力也能阻碍生产力。企业是标准的产品，标准有多么先进，生产力就有多么先进；标准有多么先进，企业就有多么先进。有一种说法：一流的企业做标准，二流的企业做专利，三流的企业做品牌，四流的企业做服务，五流的企业做产品，六流的企业做苦力[①]。一流的生产力来自于一流的标准，一流的企业必须要成为一流标准的制订者。为了企业

---

① 此说法为其一，作者在本书中整理了关于一流企业的多种说法，内容相近，但不完全一致。另见《拉高"标"杆》《润物细无声》等篇。

的卓越，企业必须要成为一流的标准制订者、实践者和执行者，并永立潮头，引领标准的进步。

从追求卓越的要求出发，高度概括地说，企业还要学会并善于：

——用宽广的眼光来审视企业的环境；

——用豪迈的气概来迎接企业的挑战；

——用独特的价值来求得企业的生存；

——用伟大的思想来铸造企业的灵魂；

——用高尚的精神来武装企业的员工；

——用科学的制度来激发企业的活力；

——用优秀的人才来支撑企业的大厦；

——用系统的学习来提升企业的能力；

——用大胆的创新来改变企业的命运；

——用完美的细节来缔造企业的卓越；

——用敏捷的速度来赢得企业的竞争；

——用不朽的文化来锻造企业的恒久。

从追求卓越的角度出发，最重要的一点，就是我们的企业与员工要永不疲倦、永不停息、永无止境地去追求真、善、美。

（五）

在企业先进性建设过程中，在从优秀走向卓越的过程中，我们要去努力做到的事情有很多，其中比较重要的要求不外乎这样几个方面：

——坚定目标。没有目标的领域往往是盲目的，没有目标的组织和个人往往是碌碌无为的，有目标，但不坚定、不执着，摇摇摆摆，也不会有好的前途和结果。我们要以终为始，善于用愿景和目标来牵引企业的工作。我们的愿景和目标要又宏大、又清晰、又连贯，我们对愿景和目标要又自信、又执着、又坚持，要坚守到底。

——**振奋精神。**必须要不忘初心，牢记使命，胸怀大爱，铁肩担当，无限忠诚，永不疲倦地"梦想、理想、思想"，永无止境地追求"真、善、美"，永不停息地"创业、创新、创造"，始终保持一种昂扬奋进的精神状态，实现企业的精神自由。

——**升级思维。**必须要打破我们在思维上的各种局限和天花板，让企业成为一个无边界思维和行动的组织，一个心智模式无比先进的组织，一个兼具系统思维、法治思维、辩证思维、创新思维、底线思维、跨界思维和移情思维的组织，实现企业的思维自由。

——**提高能力。**必须要让我们的企业成为一个具有强大的核心能力的组织，并不断通过加强修炼提高其学习能力、创新能力、组织能力、沟通能力、自我管理能力，使其成为一个真正意义上的能力与众不同的组织，实现企业的能力自由。

——**科学组织。**组织是解决一切问题的金钥匙，创造一切奇迹的撒手锏。组织的核心使命就是整合资源、创造价值，组织的核心能力就在于以与众不同的方式去创造出与众不同的价值，组织的最高境界就是无中生有、整体和谐、细节感动。企业必须要善于通过科学组织去破解一切难题、创造一切奇迹。

——**守牢底线。**必须要牢固树立底线意识，增强底线思维，落实底线措施，坚决守牢企业战略、法律、政治、经营、生产安全风险底线，确保企业底线安全，进而实现企业的本质安全和长治久安。

企业核心能力建设

在推进企业先进性建设的全部努力中，毫无疑问，核心能力的建设具有基础性、战略性、全局性和紧迫性的地位，我们要竭尽自己之所能，千方百计地争取方方面面的支持来尽快地、迅速地提升我们把握机遇、整合资源、创造价值、跨越发展的能力和实力。

何谓核心能力？可以表述为：企业能为顾客带来特殊利益的一种独有技能或技术。也可以表述为：在一个组织内部经过整合了的知识和技能，尤其是关于怎样协调多种生产技能和整合不同技术的知识和技能。其主要特点有：价值性、独特性、延展性、累积性、整合性、创新性、稀缺性、不可替代性和难以模仿性（学不会、拿不走、偷不去）。其主要来源于（但不限于）：人力资本、核心技术、商业模式、营销技术、营销网络、无形资产、企业声誉、管理能力、研发能力、企业文化。

我们需要什么样的核心能力？我们既需要去获取、培育和发展像核心资源与技术、核心产品与服务、核心制度与模式、核心方式与方法这样的相对来说看得见、摸得着的有形的、刚性的核心能力，我们也需要去获取、培育和发展一些相对来说看不见、摸不着的无形的、柔性的核心能力，诸如统揽全局的系统思考力、一叶知秋的事物预见力、无中生有的市场创造力、了然于胸的项目直觉力、洞察秋毫的风险监控力、雷厉风行的战略执行力、随机应变的现场处置力、设身处地的商场移情力、口口相传的品牌声誉力、于无声处的企业文化力，从而使我们的核心能力真正迈向有无相生、刚柔并济、软硬结合的卓越境界。

核心能力如何建设？核心能力最大的特性在于其独特性，在于其"与众不同"，要么是具有"与众不同"的资源和技术，要么是具有"与众不同"的产品和服务，要么是具有"与众不同"的组织方式和商业模式，等等。我们建设核心能力最根本的途径、方法和要领也在于这四个字——"与众不同"：认识"与众不同"的自我，发挥"与众不同"的优势，采取"与众不同"的方式，整合"与众不同"的资源，创造"与众不同"的价值，成就"与众不同"的自我。

如何做到"与众不同"？讲白了、说穿了，就是要创新，因为唯有创新才能让我们真正"与众不同"。首先，是要创新理念和思路，让我们的理念和思路变得"与众不同"，这是先导；其次，要创新业态和模式，让我们的业态和模式变得"与众不同"，这是主线；其三，要创新产品和服务，让我们的产品和服务变得"与众不同"，这是基础；其四，要创新方式和方法，让我们的方式和方法变得"与众不同"，这是关键；其五，要创新体制和机制，让我们的体制和机制变得"与众不同"，这是保障。需要强调的是，在这个"快鱼吃慢鱼"的时代里，我们需要的不仅仅是一般意义上的创新，我们需要的是快速而高质量的创新。

对一个志存高远的企业来说，没有什么比创新和孕育在创新中的人类对真善美的永无止境的追求精神更值得倚重和依靠的了。为了致力于培养和发展企业特有的、难以被替代和仿制的、能为企业获取长期竞争优势提供支撑的核心能力，我们一定要让创新成为企业的灵魂、基因，成为企业的阳光、空气、雨露，一刻也不能缺少，让创新的氛围弥漫在企业的每一个角落。做"与众不同"的事和以"与众不同"的方式做事，应当成为我们企业创新和做事的座右铭。

　　企业文化从来就是企业核心能力的重要组成部分、重要来源和重要生成条件。"心有多大，天地就有多大。"企业卖产品、卖服务首先要卖自己的用心、卖自己的思想，也就是卖自己的文化。企业与企业之间的竞争主要在于用心的竞争、思想的竞争，也就是文化的竞争。企业与企业之间的差别往往在于一念之差，在于用心的差别、思想的差别，也就是文化的差别。企业核心能力，只有当其升华为并凝固于企业文化竞争力，才会真正历久弥坚、牢不可破。为了让我们的企业核心能力变得卓尔不凡，我们的企业必须首先要去抢占思想和文化的制高点，让我们的心变得无比宽广起来——也就是说，我们必须要去全力建设先进的企业文化，提升企业文化竞争力！

　　需要特别强调的是，对于我们国有企业来说，讲到核心能力，我们绝不要忘记我们有一个最大的优势——就是党的领导，有一项最大的责任——就是党的建设。我们要切实全面从严加强企业党的建设，切实落实和加强党对国有企业一切事务的领导，切实把国有企业党的政治核心作用和领导核心作用保证好、发挥好。即便是在国有企业党的领导和党的建设这一神圣、庄重而严肃的政治领域，我们也要想方设法做出一些"与众不同"的实招，取得一些"与众不同"的效果，"与众不同"地把党的建设和党的领导这个最大的政治优势最大限度地转化为企业的核心能力。

　　需要看到也需要指出的是，企业核心能力虽然是一种组织的能力，一种经过组织加工、整合、升华的能力，一种来源于每个个体但又高于每个个体的能力，但毋庸置疑，每个个体是前提、是基础、是源泉，离开每个个体各领风骚、独树一帜的肯干、能干和实干，也即缺少每个个体的核心能力，企业的核心能力就会成为无米之炊、无本之木、无源之水，成为空谈。企业核心能力建设的一项重大工作和责任就是要采取有效措施提高每个个体的核心能力；企业每个员工的一项重大任务和责任就是要切实提高自己的核心能力，以此来支持企业的核心能力建设。我们大家都要明白一个道理，企业与员工完全是一个命运与共的共同体，彼此都要倾力以自己的优秀和卓越、成长和进步、生动和精彩成就对方的优秀和卓越、成长和进步、生动和精彩。

学习是人类最原始、伟大而恒久的力量，是实现一切进步的前提，也是获取企业核心能力的必由之路。在加强企业核心能力建设过程中，企业和员工的一项共同的责任就是要把我们的企业建设成为学习型的企业、打造成为梦工厂和梦之队。在这一进程中，我们的领导干部要带头成为学习型的领导干部，我们的员工要人人争做学习型的员工，我们要确立和践行一种信念——唯有学习和基于学习的创新才能让我们真正地做到和成为"与众不同"！还需要看到，迅速地提升企业的核心能力，不是企业自己关起门来就能做好的事，而是一项需要敞开门来，需要无边界地行动，积极争取方方面面的支持才能做好的事。

我们可以确信，我们的企业，包括企业的安全生产，必须要也必定要伴随着核心能力的迅速成长和强大，而迅速成长和强大起来。

拉高"标"杆

在我们推进企业和企业安全生产先进性建设的道路上，有一项重大的基础性工作，我们必须要全力以赴予以完成、持之以恒予以抓好，这项工作就是，企业的标准化工作。

如何抓好企业的标准化工作？

一要思想重视。四流的企业做苦力，三流的企业做产品，二流的企业做品牌，一流的企业做标准。为了让我们的企业尽快地跻身于一流并永远立身于一流，我们要下大决心、下大力气抓好企业的标准化工作，必须要让我们的标准化工作跻身于、立身于一流，勇立潮头并引领潮流。

二要把握灵魂。标准和标准化的灵魂在于先进性。标准和标准化是一把双刃剑，既能促进企业的进步，也会导致企业的落后，其分水岭就在于标准和标准化工作是否先进。为了使标准和标准化总是能够促进企业的进步，必须要把标准和标准化的先进性建设放在首位，务必使企业的标准和标准化工作能够始终体现和代表先进性。

三要整体和谐。标准化工作要追求整体上无可挑剔的和谐，做到体系完善、结构严谨、内容完备、衔接有序、形式完美、风格统一、简单明了。

四要细节感动。标准化工作还要追求细节上不由自主的感动，于细微处体现和做到思想性、艺术性、可操作性的高度统一，内容完备和形式完美的高度统一，科学精神、人文精神、艺术精神、法治精神的高度统一。

五要持续改进。为了使标准和标准化工作始终具有先进性，必须要赋予标准和标准化工作与时俱进的品质，要随着我们学习的深化、实践的深化和认识的深化，不断审视和完善企业的标准和标准化工作，实现标准和标准化工作的自我超越。

六要重在执行。重视标准、敬畏标准、学习标准、严格执行标准应该成为企业的优良文化传统。对于这一文化传统，我们要倍加珍视、不离不弃并不断发扬光大。一定要让严格执行标准成为推动企业标准化工作的核心和关键环节，成为推动企业执行力建设的一项重大原则和重大措施。

软实力建设

坚持"软硬兼施、刚柔相济"的方针，在进一步加强企业硬实力建设的同时，要把企业软实力建设提到更高的高度、摆到更加重要的位置，予以高度重视，全力以赴抓好。

全力抓好领导力、学习力、执行力、文化力建设工程，大力提升企业的领导力、学习力、执行力、文化力。

积极实施品牌带动战略，努力建设标杆企业，全力打造打响企业品牌，充分发挥品牌对企业核心能力的增强及积聚、整合和激活资源的作用。确立"赢在人才"的思想，坚定不移地贯彻"人才强企"的方针，大力推进企业的人力资源开发和人才培养。

深化改革创新，努力保持企业旺盛的生机和活力，为企业的可持续发展提供源源不断的动力。加强管理，努力实践"系统化、文件化、标准化、精细化和信息化"管理理念，全面提升企业科学管理水平。

积极实践"建企即建家"的思想，大力推进"职工之家"建设工程，努力把企业建设成为一个公平、正义、文明、进取、和谐、温馨之家。

在进一步加强有形领域和有形资源开发和节约的同时，更加重视加强对无形领域和无形资源开发和节约的力度。高度重视、切实加强企业供应链和生态圈建设，培育战略联盟和合作伙伴，努力缔造企业的竞争合作优势。

提高执行力

有一种能力叫执行力。正是这种能力，它把观念转变为信念，把信念转变为态度，把态度转变为行为，把行为转变为习惯，把习惯转变为文化，把文化转变为竞争力，把所思所想所求所说转变为所做。正是这样一种能力，它把理想转变为现实，把梦想转变为真实，把精神转变为物质，把思想转变为行动，把激情转变为执着，把创意转变为作品，把平凡转变为伟大，把不可能转变为可能，把短暂变成永恒。正是这样一种能力，它改变和创造着一个企业的一切，决定着一个企业的前途和命运，决定了一个企业是平庸还是伟大。

怎样提高执行力？

为了提高企业的执行力，必须要让我们的企业更有精神和思想。精神让我们憧憬满怀、想象万千、激情澎湃，激励我们一往无前、追求不息、永不疲倦；思想启迪我们的心智，赋予我们灵魂，引领我们在市场经济的海洋中披荆斩棘、乘风破浪，沿着正确的方向前进，不断从光明走向光明。

为了提高企业的执行力，必须要让我们的企业具有忠诚和执着的品格。我们的企业要忠于国家，忠于社会，忠于员工，忠于顾客，忠于股东；我们的员工要忠于事业，忠于企业，忠于职守，忠于同事。我们的企业要执着于企业使命的追求，执着于企业终极目标的实现，执着于对国家、社会、员工、顾客、股东的回报；我们的员工要执着于对理想和事业的追求，执着于对真善美的向往，执着于本职工作的尽善尽美和细节的完美，执着于人格的完善和人生价值的实现。

为了提高企业的执行力，必须要进一步转变企业的作风。作风作为企业每一位员工在思想、工作或生活上一贯表现出来的态度、行为的总和，集中体现和反映了企业和员工的精神风貌。过硬的作风是企业所有凝聚力、战斗力和创造力的基础，也是企业执行力的基础。为了锻造企业一流的执行力，我们必须要持之以恒地着力于培育企业一流的、坚如磐石的作风，这种作风应该具有这样一些显著的特点和内涵：解放思想、开拓创新、与时俱进；实事求是、求真务实、埋头苦干；坚韧不拔、百折不挠、知难而进；勤于学习、勤于思考、勤于实践；团结互助、和衷共济、携手奋进；敢作敢为、说到做到、永不放弃；雷厉风行、立即行动、没有借口；谦虚谨慎、艰苦奋斗、联系群众；精益求精、关注细节、追求完美。

为了提高执行力，必须要进一步加强企业的制度和流程建设与执行。制度让执行有章可循，对执行提出强制要求，为执行提供制度保证；流程作为制度的有机组成部分，规定了执行的主体和客体、时间和空间、任务和要求。正是制度和流程将执行活动固化、刚性化、程序化，在很大的程度上是制度和流程决定了执行度及其效果。当然，制度和流程本身还有一个是否得到认真执行的问题，再好的制度与流程，如果仅仅挂在嘴边、印在纸上、贴在墙上，对于提高执行力不仅无济于事，而且妨碍极大。为了提高执行力，我们既要重视制度和流程的建设与完善，更要强调制度与流程的执行与落实。

为了提高企业的执行力，必须要进一步加强企业执行力文化建设。伟大的企业要有伟大的文化，一流的执行力要有一流的执行力文化，为了缔造企业一流的执行力，我们在致力于企业特色文化建设中，必须把执行力文化深植于企业的整体文化之中，使之成为企业文化建设的一道亮丽的风景线。

润物细无声

　　企业文化是企业核心能力、企业安全生产核心能力的重要组成部分、重要来源和重要生成条件。"心有多大，天地就有多大。"企业与企业之间的竞争主要在于心的竞争、思想的竞争，也就是文化的竞争。企业与企业之间的差别往往在于一念之差，在于心的差别、思想的差别，也就是文化的差别。企业核心能力，只有当其升华并凝固于企业文化竞争力，才会真正历久弥坚、牢不可破。于是，就有"四流的企业卖产品，三流的企业卖技术，二流的企业卖标准，一流的企业卖文化"的说法。为了让我们的企业核心能力变得卓尔不凡，我们的企业必须首先要去抢占思想和文化的制高点，让我们的心变得无比宽广起来——也就是说，我们必须要去全力建设先进的企业文化，提升企业文化竞争力！

　　企业先进文化建设是一个和风细雨、潜移默化、润物无声、水到渠成的过程，在这一过程中，"无中生有"（企业假设→核心理念→事业理论→企业宪法→企业制度→企业行为→企业语言、习惯与风俗，企业品牌、符号与标志→三个文明建设的一切成果，这是企业文化的落地生根过程）和"有归于无"（与上述过程相反，这是企业文化的浓缩升华过程）这样两个互动、互逆的过程要有机地统一在一起，共同构成企业先进文化建设的一道独特而曼妙的风景线。

　　在企业发展的历史长河中，企业必须长期面对、不断思考、始终破解两大历史性问题——生产安全问题和生存安全问题。破解这两大难题，毫无疑问，需要我们多方面的不懈努力，但当务之急和终极出路在于要尽快打破企业文化的天花板，尽快破除企业文化的自我设限，加快企业文化先进性建设，尽快确立企业文化的先进性优势。围绕破解企业的生产安全问题，我们要在全面推进企业文化的先进性建设的同时，同步地推进企业安全文化的先进性建设，并要努力让企业安全文化成为企业文化百花园中最绚烂的那一朵。

企业管理手册

在我们全力推进企业先进性建设，努力实现企业从优秀走向卓越的历史进程中，我们需要一样东西，这样东西，寄托着我们的梦想，承载着我们的希望，体现着我们的意志，折射着我们的追求，闪耀着我们的思想，凝聚着我们的智慧，积淀着我们的历史和传统，展示着我们的明天，这样东西就是《企业管理手册》。

——它是企业事业理论的核心，也将在企业的先进性建设中起到事业理论核心的作用；

——它是企业文化的基石，也将在企业的先进性建设中起到文化基石的作用；

——它是企业智慧的结晶，也将在企业的先进性建设中起到智慧结晶的作用；

——它是企业行动的最高纲领，也将在企业的先进性建设中起到行动的最高纲领的作用；

——它是企业的顶层设计，也将在企业的先进性建设中起到顶层设计的作用。

企业的先进性在很大的程度上都反映和体现在这本《企业管理手册》上。企业的先进性建设中一项重中之重的工作就是要把这本《企业管理手册》制订好，确保其一开始就具有先进性；就是要把它学习好，用其中的先进思想理论武装好我们的员工，把手册的先进性转化为员工的先进性；就是要把它贯彻落实好，把手册思想理论上的先进性转化为我们实际工作和具体实践上的先进性；就是要把它不断丰富完善好，建立起保持手册自身先进性的有效和长效机制，确保手册能与时俱进、永葆先进性。

企业如何改变?

企业的一切变化与进步归根结底取决于企业自身如何主动地去改变。

改变从"心"开始，这个"心"就是我们的思想、我们的观念。"心"不变，世界不会变；"心"变了，世界没变也在变。为了让企业每天改变一点点，我们的"心"也要每天改变一点点；为了让企业改变得更快一点，我们的"心"也必须要改变得更快一点；为了让企业改变得更美好，我们的"心"也必须要改变得更美好。

凡事永无止境地追求"真、善、美"，我们的一切美好愿望和激动人心的目标，都必将也只能在"真、善、美"的交集所在处找到归宿。

想人之所未想、发人之所未发、做人之所未做，人人、时时、事事、处处都在创新，让创新成为企业的阳光、空气、雨露，一刻也不能缺少。

无边界地学习与思考，无边界地行动与解决问题，无边界地整合资源与运用资源。

每天都要有"梦想、理想和思想"，每天都要"学习、思考和实践"，每天都要改变、进步和提高一点点。

热情地追求一流，对偏离一流状态的一切问题，即便是最细小的问题，都要坚决"零"容忍！

让企业充满爱!

我们的企业究竟需不需要一种更为本源性的、可以长久依靠也必须要依靠的东西存在？这种东西对于我们企业的生存和发展，对于企业的安全生产，正如阳光、空气、雨露之于万物一样，一刻都不能缺少。她是企业一切力量之源、活力之源、生命之源、万源之源，她赋予企业存在的价值和理由，也决定企业生存的方式和状态，她赋予企业全部的生动和精彩，所有的美丽和美好。我们确信，她是被需要的，而且她就在我们的身边，就在我们的心里，就在我们企业的每一个角落……她实际上就是我们经常会在不经意中提到的，我们心灵深处一直渴望的，我们一直被深深感动和吸引着的爱。我们确信，必须要让我们的一切的活动、一切的管理，一切的目的，都完全地基于无限的爱，必须要让我们的企业永远都充满着爱，这将是把企业缔造为卓尔不凡、基业长青的企业的真谛之所在，让企业安全生产、行稳致远、长治久安的真谛之所在。我们务必要上下做出共同的努力，把我们的企业打造成为一个充满爱的企业！

总想对你说

（代结束语）

总想对你说，人的生命很可贵，贵到别人拿整个世界也无法与之交换，你我都要无比珍重我们只有一次的生命，让生命之花绽放得更加绚烂。

总想对你说，人生的路漫漫，不总是一马平川、阳光灿烂、鲜花簇拥，还常常弯弯曲曲、坎坎坷坷、暗礁密布，你我都要时刻高度警惕，爱护和保护好自己，也爱护和保护好他人。

总想对你说，护佑生命（包括自己和别人的）的责任很大，比天空还要浩瀚，但责任再大，你我也得挺胸扛起，无怨无悔。

总想对你说，护佑生命前行的路很远，看不见终点，事实上也没有什么终点，但再远，你我也得走，并且还要做好永远都在路上的准备。

总想对你说，前行的路不只有一条，重要的是你我要选对其中的一条，然后沿着这条对的路走下去，永远向前，永远都不要回头，千万不要半途而废。

总想对你说，这一前行的路上，不论你我走得有多好、多么远，要看到路漫漫其修远兮，你我一点都不要骄傲和懈怠，也不论你我遇到多少挫折、多么大的困难，要看到风雨过后是彩虹，一点都不要沮丧和气馁，永远都要昂扬着不屈的头，奋勇向前。

总想对你说，这一前行的路上，你我并不孤单，有许多人与我们同行，我们要与他们结成伙伴，风雨同舟，守望相助，并肩前行。

总想对你说，这一前行的路上，我们会不断遇到新情况、新问题、新挑战，需要我们不断做出新选择，重要的是我们要坚守初心和愿景不改，无论如何我们都要选择对生命、对"真、善、美"的希望和守望。

总想对你说，在这一前行的路上，我们要奋力争先、走在前列、勇立潮头，竭尽我们全部的心血、智慧和汗水，率先并只争朝夕地去把那艘我们借以承载生命的诺亚方舟，打造得无比结实和牢固。

总想对你说，人的生命诚可贵，但这个世界上还有比生命更可贵的东西，这种东西就是爱，其中包括我们对生命护佑的爱。只有出于爱的理由，这唯一的理由，我们可以献出自己的一切，甚至是生命！

附　录

围绕安全抓安全　超越安全抓安全

——在一次安全生产会议上的讲话（摘要）

在今天的会议上，在这样的一个难忘的时刻和场合，我们对公司的安全工作进行一次全面、深入、系统的回顾和展望，无疑是完全必需和必要的，具有特殊的意义和价值。

仔细地回顾一下，系统地梳理一下，高度地概括一下，公司的安全工作实际上一直是沿着两条路径并行推进，且又相互促进、高度互动地向前推进和发展的，勾画和展示出的是一幅气势恢宏、波澜壮阔、特色鲜明、众志成城保安全的历史画卷。

第一条路径是围绕安全抓安全。

——我们切实加强对公司安全工作的组织和领导。每年都通过下达安全生产1号文件对公司全年的安全工作作出总体的安排和部署；每年都按照"横向到边、纵向到底"的原则，层层签订和落实安全生产责任制；每年都精心组织开展旨在浓厚安全生产氛围的安全月和安康杯活动；每年都以消除事故隐患、改善安全工作条件、预防事故发生为目的，认真制订和实施"两措"计划；每季坚持召开安委会会议，每月坚持召开安全分析会议，每个工作日坚持召开生产碰头会。通过这一系列的会议，及时分析公司安全工作的新情况、新问题，及时对公司的安全工作作出新的调整和部署。

——我们大力强化全员的安全教育和培训，不断提高全员的安全意识和安全素质。在做好全员安全教育和培训的同时，我们尤其重视和加强对关键岗位、特殊人员的教育和培训，尤其重视和加强对反事故和应急预案的演习和演练，切实增强公司对紧急情况的应对和处置能力。

——我们突出加强设备管理，全力夯实公司安全生产的物质基础。精心构建、不断实践"品"字形设备管理体制，做到点检、运行、检修三条线三个到位，形成各有分工、各有侧重、相互支持，共同完成设备管理任务的生动格局。坚持提倡并积极实践"市场导向、全员参与、自主管理、自我承诺、工序服从、系统点检、精益运行、敏捷检修"的设备管理模式，使公司设备管理不断迈向科学化、系统化和现代化。强力组织克难攻坚工程，有力推进安全生产隐患和重大疑难问题的迅速和逐一解决，有效地促进公司安全生产物质基础的迅速加强。大力倡导"大运行""运行职业终身化""人员素质均质化""全员经营""全面营销"的新理念，努力实现由运行向运营的转变，迅速而有效地促进运行工作水平的大提升和大跨越。"零缺陷、快速响应、二十四小时消缺、一次成功"的理念日益深入人心，由修理向护理的转变正在深入进行，检修走向市场迈出历史性步伐，主动维修、主动护理、主动走向检修市场越来越成为全体检修人员的一种自觉和追求。

在自动化、信息化、数字化迅速发展的新形势下，高度重视、突出加强公司二次系统的安全防护工作。与此同时，以技术监督、技术标准、技术资料、技术档案管理为重点的技术管理基础工作也相应得到加强，取得长足进步。

——我们在继续做好传统的行之有效的安全管理的同时，大力推进公司安全管理的现代化，不断提高安全工作的系统性、预见性和有效性。按照注重提高质量、绝不流于形式的要求，认真抓好安全责任制、安全教育、安全检查、"两票三制"、"两措"、反习惯性违章等传统的安全管理和基础工作。与此同时，我们不失时机地推进安全风险分析和风险管理、安全性评价、"三标一体"整合型贯标、安全生产标准化、应急救援工作，用现代安全管理的理念、方法和技术来推动和实现公司安全管理的现代化。

——我们积极地把文化这一现代管理的最新发展引入到公司安全管理之中，以"人本、速度、集中、预见、系统、协同、执行、反馈"为核心理念和原则，精心培育和塑造具有公司特色的安全文化。目前，这一文化正日益深入人心，成为一种强劲推动公司安全工作的强大的软资源、软力量。

第二条路径是超越安全抓安全。我们都知道，一枝独秀、一花独放不是春，百花齐放、万紫千红才是春。我们也深深地懂得，公司的工作是一个不可分割的整体，公司各个方面工作的卓越固然是公司整体卓越的必然要求和基础，但是，离开公司整体卓越这一前提和根本，公司各个方面工作的卓越，难免独木难支，甚至根本就没有这种可能性。基于这种认识，我们比较早地就认识到，公司的安全工作仅仅停留在围绕安全抓安全的境界上是远远不够的，还必须要迈向超越安全抓安全，集中我们全部的资源、智慧、力量和意志，不遗余力地把公司打造成一个真正卓越的公司，以公司整体的卓越来带动各个方面工作，也包括实现安全工作的真正卓越。

——我们大力弘扬"以人为本，追求卓越"的公司精神，积极实践"建企即建家""建企即建校"的理念，倾情培育具有自身特色的高品质公司文化，坚定不移地用先进的文化来引领公司事业的发展。

——我们积极实践和探索具有公司特色的事业理论，不断丰富和完善公司事业理论体系，高度自觉地用先进的事业理论来推动公司事业的前进。

——我们采取一系列十分有效的措施，大力加强公司的党的建设、干部队伍和员工队伍建设，倾心建设一支高素质的优秀党员队伍、干部队伍和员工队伍，坚持不懈地为公司事业的健康发展提供坚强的政治和组织保证、人才和智力支持。

——我们大力加强公司的作风建设和员工行为建设，努力建设让员工满意的党风、领导作风和企风，倾力推动公司不断向"争气、正气、大气"方向阔步前进。

——我们坚持以"系统化、文件化、标准化、精细化、信息化、现代化"为目标，不断推进公司的科学管理，不断推进公司的标准化工作，不断推进公司的"信息化、数字化、自动化"进程，不断推进公司业绩评价体系的建设和完善。

——我们在集中精力抓好公司生产安全的同时，更加重视、更加努力地抓公司的战略安全、政治安全、经济安全、文化安全和环境安全，千方百计地把公司打造成一个真正的本质安全型的公司。

当我们把围绕安全抓安全和超越安全抓安全紧密和有机地融为一体，当我们把"以人为本、追求卓越"的精神和公司的一切工作紧密和有机地融为一体，当我们把永不停息地进行学习、变革与创新的行动，永不疲倦地保持"创业、创造、创新"的激情和永无止境地追求"真、善、美"的举动紧密和有机地融为一体，当我们公司586名员工的心都紧密和有机地融为一体，当员工的价值和公司的价值紧密和有机地融为一体，尤其是，当上述的一切都紧密和有机地融为一体，当我们公司已经真正成为一个生命的共同体的时候，我们十分欣喜地发现并看到，我们日夜向往、真正渴求的变化发生了：公司安全生产迅速稳定，生产基建、经营任务连年超期待完成，党建、党风廉政建设、企业文化建设长足发展，公司硬实力与软实力建设同步大幅提升；公司和员工变得更有精神和思想，变得更加自由和自信；接二连三地取得一系列具有国内先进水平的成果和荣誉（1号机组连续运行692天，PI接口技术获得中国电力科技成果三等奖，公司获得全国企业文化优秀奖等）。公司和全体员工以自己的执着追求和忠诚情怀，尤其是以自己的迅速进步和卓越表现赢得了自己和公司的尊严和尊重，赢得了自己和公司的光荣和体面，赢得了自己和公司的更加光明的前途和未来！